To：______________________

每個人都是改變未來的一份子

想要改變未來

先要改變自己

改變工作方法

才能創造價值

劉恭甫，功夫老師與您共勉之～

目次

【推薦序】

提升職場作戰力的二十四堂課

我曾經與大家分享過一篇文章「老闆想的和你不一樣」，從我入職場工作以來一直到創業，帶領過各種大小和類型的團隊，在這些經驗裡可以發現，員工若能提早一步感受到自己和老闆的所見、所聞、所思有極大不同，並在發現不同後有所調整，這些職場工作者，不論在晉升、薪資或是發展上，都較一般員工有更好的機會。

可惜的是，大部分的工作者沒能察覺到這點，總將老闆的要求視為壓榨剝削，甚至與老闆對敵，無法從老闆的角度去思考，只會不斷抱怨工作不順利、感嘆自己懷才不遇，卻未曾思考要如何提升自己、改變現況。

我認識的功夫老師起源於臉書，常會看到朋友轉貼他對於職場的心得或看法，而他的「功夫語錄」更常讓我有共鳴之感，如「不要認為自己做了沒用就不去做！這是在為自己找藉口！」、「抱怨不會帶來改變，只有改變自己才會帶來改變！」、「世上沒有一件工作不辛苦，唯有自己真正努力盡力了，才有資格說自己運氣不好。」……等，對工作者而言，都是相當直接又中肯的建議。

為了讓身於職場困境，不知如何走出的讀者有更精確的體認和學習，功夫老師此番從數十位高階主管訪談以及數千份問卷中，找出職場菁英必備的二十四項特質，並逐一說明如何達成，相信對於剛畢業的社會新鮮人，以及想在職涯上闖出一番天地的讀者，必會有很大的收穫和幫助！

城邦媒體集團首席執行長何飛鵬

【推薦序】
改變職場環境的創新實踐家

「如果劉恭甫是一檔股票，我一定第一個投資他。」幾年前我就說過這句話，如今前後對照，我還真佩服自己的細微觀察。

我們在臉書上認識許久，我對同業通常不太感興趣，他主動邀約我希望見上一面，第一次見到他，就被他的無敵行動力震攝。他帶著一疊我的書，謙卑、低調令人印象深刻，對照他這幾年洗盡風華、兩岸歷練的沉穩瀟灑與授課實力大躍進，心裡面不僅佩服，甚至崇拜。

我非常清楚一面念研究所，一面往返兩岸，右手寫論文、左手寫書的忙碌與焦慮，如今他做到了，而且成績斐然。

去年我與他一同到日本看球賽時才猛然發現，他的良好習慣，是他成功的重要關鍵。他早起閱讀，晚上不聊八卦，將自己的本質學能不斷提升，只要聊到與專業相關的話題，一定立刻做筆記，繼續追問不求甚解，與人對談親切有禮，聊起話來總是微笑以對，這不就是專業人士的最佳象徵嗎？

猶記得我們坐在神戶街道談及創新議題發想時的趣味體驗，我眼前這位小老弟，不僅脫胎換骨，甚至不同凡響。在大阪街道行走時，一面與家人視訊通話，一面介紹我給他老婆認識，我真的體會到，他長期在大陸發展，還能兼顧家庭的最大利器，就是「無論再遠、再忙、再累，天天保持與家人視訊通話的習慣。」

某次在台北的大型論壇，他將VIP席次讓高三的女兒出席；某次與講師好友的聚會中，他一雙兒女也一同參與，我終於知道，「他不僅是好講師，更是好爸爸、好丈夫，更是我眼中的好夥伴。」

恭甫在職場打滾這麼久，出差去過非常多的國家，這也是他勝過我最大的地方。透過厚實的職場經驗，甚至多年海外的親身歷練，輔以親身參與的專案與創新大賽，加上成功的獲獎經驗，搭配上他這幾年的講師經歷，以及到過兩岸大大小小的許多知名公司授課，如今淬鍊出這本書，我利用兩天看完後，深深覺得，「擁有紮實的底蘊，才是他致勝的武器。」

用故事開頭，用理論與技法收尾，用作者獨特的觀點淬鍊，這本書《不懂這些，別想加薪》，道出了職場工作者最需要、最實用的二十四種關於溝通、專業與態度的三大盲點，一本深入淺出，容易閱讀且深受啟發的好書，就讓恭甫，這位改變職場環境的創新實踐家，帶領大家邁向職場更高境界的巔峰。

《商業周刊》《蘋果日報》職場專欄作家 謝文憲

【推薦序】

讓人驚呼連連的職場寶典

在行駛的高鐵上，跟 Jacky 劉恭甫老師一起站在車廂間，討論著剛剛結束的一場演講。我一面聽，一面心想，「這麼精準的觀察，到底是怎麼做到的啊？」

前一陣子因為新書出版，出版社特別安排了幾場演講簽書會，讓我在台上跟讀者面對面交流。雖然談的主題已經十分熟悉，但我還是特別邀請 Jacky 坐在第一排，當我的特別來賓跟演講教練，希望他在結束後給我一些觀察，幫助我日後表現得更好。

在高鐵上回饋時，Jacky 除了點出整場演講的優缺點，也提出未來可以改善的方向。精準的回饋本來就不是一件容易的事，但是他邊回饋，邊提出了一些系統化的架構，還以英文單字縮寫一些易記名辭。我心裡那時就在想，「這到底是怎麼做到的啊？」

而在商業周刊舉辦的奇點創新大賽，我又見識到他神奇的表現！在為期五天的奇勵營培訓，Jacky 擔任其中的創新教練，並在決選簡報中擔任主評審。在選手簡報結束後，只見 Jacky 慢慢的走向台前，針對兩隊選手的表現，提出點評跟回饋。除了簡報之外，他還從創新面、商業模式面、行銷面，以及邏輯結構的部分，提出他的觀察及建議。要針對一些創新的點子，提出具體有效的觀察，而且在這麼短的時間裡，馬上就要有系統化的歸納……。我一直納悶，「這是怎麼做到的啊？」仔細看了這本書，我才終於找到心裡清楚的答案。原來這些跨領域的知識及能力，就是恭甫老師過去的真實經歷。

不論是創新思考、簡報溝通、會議主持、結構化思考，甚至是向上管理以及自我學習等，都是他真真實實的職場經歷。也因為有這些經歷及能力，他才能優游自在的在不同的角色中切換，也才能不斷的自我提升，從R&D、到PM，到進一步成為現在兩岸知名企業管理及創新講師，這一切不僅是來自於學習及訓練，更多來自於現實的磨練。

透過這本書，Jacky完整公開他持續成長的重要技巧，也把這樣的能力及心法，無私的傳授給大家。也許您不一定有機會上到恭甫老師的課程。但是透過這本書，您可以學到許多未來讓您加薪的技巧。不僅減少您摸索的時間，更將指引您一些未來努力的方向！

未來當別人看到您的表現，也會說出「這是怎麼做到的？」這本書，就是您職場升職加薪的必備寶典！

上市公司簡報顧問、《上台的技術》作者 王永福

【推薦序】

各方好評推薦

與恭甫是臉書上也不知誰先加誰的朋友，印象深刻是他每次課程和演講的大合照中，總活潑的豎起大姆指。近兩年才知他竟與我最重要的事業搭檔簡大為，是大學的同班同學，是比我還「正統」的工業設計的科班背景，這著實令我詫異，他能走上專業演說這條路且頗受歡迎。

從這本書我終於明白，他有洞析人心的人格特質，加上長期觀察、理解和個人體悟，以研究的精神、嚴謹的歸納整理，再用受眾最容易理解甚至記憶的方式詳盡表達。

我這時才深深發覺，恭甫這種特異功能才是工業設計的最高境界啊！自己創業多年，本書的字字句句都感動我，其中所表述的態度和作為，正是我夢寐以求的員工所需要的，沒想到老闆心底沒說出口的秘密，全都被恭甫揭露了！

奇想創造董事長 謝榮雅

面對琳琅滿目的商管類書籍選擇時，你想從中得到什麼？大部分的書都給了你一個充滿理想性的條例，但在讀完後回到自己的職場邏輯裡，仍然必須面對現實工作的艱難！

劉恭甫的這本《不懂這些，別想加薪》一書，卻用了自己許多職場實戰故事的經驗啟發讀者。他寫下曾經遇到和觀察職場的各種狀況，也是你在職場中一定會面臨相同情境時，卻百思不得其解的解方。

藉由自身投射在這些相同情境的故事時，劉恭甫也同時給出令人驚嘆，「對啊！我怎麼會沒想到」的答案。當這些答案能深刻在讀者心中，在面對職場的各種狀況和疑惑時，絕對能讓你有著致勝的關鍵提醒和行動。

種子音樂創辦人／豐文創創辦人　田定豐

我親眼見證了功夫老師如何在四年內，從一位新講師以驚人的速度，成長到一年超過一千兩百個小時的兩岸知名企業講師。功夫老師的認真程度令我驚訝，是我從事顧問培訓業三十年來少見的超級講師！甚至單一個月連續二十四天的課程，都可以持續看見功夫老師的高度熱情與舞台魅力，這從我們集團內所有業務都把功夫老師當偶像就知道了！也因為學員對課程的超高滿意度，許多客戶還連續多年指定功夫老師的課程。功夫老師的職場絕技與自我要求態度，是每一個成功人士絕對值得學習的一本人生指南！

ASK123 集團董事總經理　林嘉怡

雖然認識恭甫老師有一段時間，但是真正聽到恭甫老師的課程，是在今年商周奇點創新大賽的奇勵營，從頭到尾真是讓我驚艷不已，恭甫老師真的很棒，就連趨勢科技張明正董事長還頻頻在台下寫筆記，由此可見恭甫老師的功力。

身為好友的我，知道恭甫老師這幾年非常忙碌，還能夠擠出時間寫書，真是讓我佩服不已，而這本書是恭甫老師把他累積的豐富教學經驗與職場點滴，都毫無保留地呈現出來，絕對是每個人在職場上必備的一本書，誠摯與您推薦分享。

品碩創新管理顧問有限公司執行長　彭建文

成功的人都有一個共同點「熱情！」不管多累、多忙，只要做起事來，總是全力以赴，快樂前行！我所認識的恭甫，就是這種人。

我們一起合作過課程，也一起合作過商周主辦的奇點大學等活動，恭甫在過程中一直保持這種積極正面與熱情的態度，難怪無論他做什麼，都能保持專業級的表現！

這本書是恭甫多年實務經驗的精華，想要在職場上有所表現、成功加薪，以他為師一定成功！如果您沒有機會親自向他學習，那麼買到這本書，就像邀請到他本人一樣，在您成功的道路上，讓他成為您的職涯專屬教練。

希望種子國際企管顧問股份有限公司總經理　林明樟

我們都需要在工作中創造價值，但除非是「有感價值」，不然加薪這件事，怎麼輪到得你？在兩岸企業教過無數菁英的恭甫老師，用超實際案例、超實用方法，告訴你怎麼做，才能讓老闆感受到你的「價值」。快買起來充電，其他管理書先擺著吧，加薪之後再買。

企業講師／作家／TEDxTaipei 講者 火星爺爺

有一種聲音充滿活力，超越天籟！有一種翅膀展開雙翼，超越鷹族！有一種傳導即刻感應，超越電波！有一種炫染瞬間形成，超越風雲！有一種能量隨時釋放，超越閃電！有一種分享豪不藏私，超越生命！

這是我首次接觸劉恭甫老師的感知，是設計背景出身的最強熱情製造者，是進出兩代傳導正能量觀念的智者，是對職場新鮮人萬念俱灰的救贖者！

頑石文創開發顧問公司創辦人 程湘如

創新，是一門博大精深的功夫！需要快速從模（仿）、學（習）、行（動）、創（造），經歷一連串挫折與失敗，才有機會找出自己的商業創（益）！若這是一門高深武功祕笈，需要一位大師指引你最佳捷徑、融會貫通，成為自己獨門功夫！恭甫（功夫）老師絕對是兩岸三地的最佳導師！

SmartM 世紀智庫創辦人 許景泰

第一次遇到恭甫，是在清華大學EMBA口試，他給我們的第一個印象就是熱情、自信，及充滿精力。我問他的工作經驗，他說他過去在一家科技公司任職，現在在大陸及台灣教企業管理菁英班。

在短短不到十分鐘口試中，他侃侃而談、對答如流，而且一直保持著積極及自信的態度。就像他這本書中論述的成功三類關鍵能力：溝通能力、專業能力及態度能力。他能在幾分鐘內將這三種能力都展現出來，絕對不是偶然的或靠天分的，這是有方法，累積實務經驗鍛鍊而來。恭甫能將他在這方面的知識、方法及經驗，總結在這本書內非常難得。我鄭重向讀者們推薦此書，相信會幫助讀者在職場上及生活中更有成就、更快樂。

國立清華大學科管院副院長／前台積電資深副總經理　金聯舫博士

運用創造力去影響甚至改變世界，是最重要的一件事。創新，是過去三年，企業指定度最高的內訓課程之一。

因為工作的關係，我與來自各種產業、各種專業背景、各種講授「創意與創新」的講師合作過課程，也因此認識來自世界各地的創新工具，這當中，最具代表性的，當屬功夫老師（劉恭甫）的「創新九式」與「創業九式」，因為，這兩套工具本身就是一種創新。

很多談創新的課程，最後僅停留在激發創意的階段，少了落實執行的方法，最後只成為會議上、辦公室裡大家討論的可行性方案，相當可惜。

功夫老師運用九種激發思考的方法、引導學員從工作上的產品、服務，找出「新」的嘗試，運用創業九式將其落實執行，成為商機，在課堂上就能做出原型、學會如何跟客戶（顧客）驗證可行性，打破窠臼，您也可以替自己、替公司，走出新的格局。時代需要改變、需要換顆腦袋、需要能落地實現的點子，您，不能錯過這本創新經典好書。

世紀智庫管理顧問股份有限公司業務總監 鄭均祥

成為一位專業講師，除了本身擁有專業核心知能與實務經驗外，熱情與態度很重要，這些關鍵都可以在 Jacky 老師身上找到。認識老師多年，從他剛從企業轉戰訓練講師行列到現在，他所展現的授課技巧與專業內容，都超乎預期。

這幾年他的兩岸課程眾多，想再邀請他的時間若非六個月前邀約，真是難上加難，但總期待他再與我們分享更多創新個案，從他的教學中找到更多創意的啟發。

中華民國全國中小企業總會 特助 郭洺芩

Moxa 產品開發都習慣於技術思考，也就是做出比競爭者品質與性能更好、更快的產品（但也常過度設計），但這樣的思維，無法讓我們成為世界級工業網通的創新領導品牌。

劉老師的設計思考課程，提供一套從使用者角度出發的創新系統思考架構，協助 Moxa 發掘連客戶也不知道的需求與解決方案，不僅應用於新產品開發，也應用於服務與行銷體驗的創新，開啟一個價值創新的全新視野與具體做法。

四零四科技全球產品事業群總經理 翁立賢

相信這絕對是一本對讀者在職場與生活有莫大幫助的好書。身為Jacky論文指導老師，他在團隊中的努力與無私付出，大家有目共睹。也謝謝他與一群傑出的同學，替清華EMBA奪得全國個案競賽冠軍，更高興他將多年的心得整理成冊出書。

國立清華大學科技管理研究所教授兼EMBA副執行長 丘宏昌

合勤科技創新設計工作營是我們產品事業部非常關鍵、非常重要的年度訓練，我們特別邀請兩岸知名創新大師劉恭甫老師，幫我們設計兩天的工作坊與創新競賽。

之後，從大家的反應、臉書上的留言，都知道我們都有一樣的感動，這份感動從兩年前第一次創新工作營，到這一次的創新之星競賽，越來越強烈。最近在面試一些新人，居然還有人跟我說，知道我們公司做過這樣的競賽。感謝劉老師從「價值創新」、「跨越鴻溝」、「二〇一〇合勤創新設計工作營」、「商業模式創新工作營」到「二〇一二創新之星」，一直帶著我們尋求創新、尋求突破。

合勤科技網路事業總處創新研發中心協理 林應前

恭甫老師的系統思維課是新希望六和商學院「總經理班」和「精英計畫」的必修課程，學員們親切地稱呼他為「功夫老師」。

功夫老師帶給我們很多改變，這門課程說明學員系統的掌握商業思考力、創新思維力和專案管理力，在上課前，學員們各有招式，但是普遍認為自己打不出有效的組合拳，通過三天的訓練，釐清楚商業規劃、問題分析和專案管理工具的內在邏輯，通過大量的練習和老師精準的講評，讓學員即學即會即用即見效，功力見長。

在商學院組織的跨界研究工作中，我們也驚喜地發現，參加過本課程的學員在分析問題的系統性、邏輯的嚴謹性方面，較參訓之前有顯著的提升，恭甫老師也參與到了我們的跨界研究的指導專家序列，給了新希望六和創新研究工作很多幫助，在此一併致謝，預祝新書大賣！

中國新希望六和商學院 張瑋瑋

功夫老師的新書《不懂這些，別想加薪》即將新鮮出爐，老師的弟子們好開心，大家有福啦！功夫老師具有豐富的實戰經驗與深厚的理論功底，經過功夫老師培訓的數百位經理人回饋說，老師的課程生動活潑，切實可行，深受學員們的喜愛，Workshop 體驗式的教學模式，使經理人回到公司，真正能夠做到「為客戶解決問題」。我謹代表接受過功夫老師培訓的數百位經理人，隆重推薦他的「職場葵花寶典」，相信你一定會收穫無數驚喜！

恭甫老師是我見過最會替客戶著想的老師，之前上恭甫老師的講師訓練課程，恭甫老師一開始就告訴我們，講師是好的導演，要做好引導，整個上課過程不藏私的把所有課程技巧告訴所有參與的學員，是讓我能夠突飛猛進的主要關鍵！

中國新希望六和商學院總經理 宋月朋

物聯網創新講師 裴有恆

今年四月商周舉辦的奇點創新大賽，讓我能近距離和恭甫老師接觸合作，在他身上，我看到了盡求完美、全力以赴的精神與行動力．以及一心想藉由自己在創新領域的專業貢獻，讓這群優秀台灣人能優異的站上世界舞台所瘋狂付出的心力、時間與堅持。

兩岸企業培訓講師 莊舒涵

恭甫老師還沒有上台展現功夫之前，凡人無法從他敦厚的行事風格上看出他武功高強；但只要他一開口，就能被他厚積薄發的學養、豐富紮實歷練所震懾。如果你想在漫長的職涯裡屢創佳績、不斷加薪，務必找一位身經百戰、戰功彪炳的大將軍教你，恭甫老師佛心不藏私，這本書正是助你攻下大好江山的現代職場《孫子兵法》。

澄意文創志業有限公司執行長 馬可欣

二〇〇七年我為合勤教導一系列課程時，Jacky 是台下全程參與最認真的學員。二〇一〇年我又再次為合勤教導相同系列課程時，Jacky 全程坐在課堂後方旁聽，令人印象深刻。那時候 Jacky 心中存在夢想，果然第二年便展翅高飛，追逐自己的夢想。如何培養工作職場中的附加價值，創造職涯的第二條曲線，Jacky 個人的成功故事，絕對值得學習。

睿信管理顧問有限公司總經理 黃聖峰

這是一本讓讀者縮短學習歷程、避免犯錯，進而成為職場贏家的得勝祕笈。恭甫老師將自身的職場經驗、甘苦心得，以及實用方法彙整在本書中，但讀者們更不能錯過的是，他在字裡行間所流露的真誠與積極態度，才是他成功的精髓所在。讓我們一起在這本書中找到邁向高峰的通關秘訣吧！

企業培訓講師／英特亞知識科技總經理 李思恩

學校只教會我們念書和考試。「加薪升職」這些學校沒教的重要事，唯有社會大學能教。Jacky 老師用二十四個職場情境，讓你縮短摸索的撞牆期。讓你知道做事是職場基本、學會做人，才是升遷加薪的根本。讓你在茫茫職場人群中，凸顯出差異、具有無可取代的優勢競爭力。

企業講師／作家 王東明

十五年實戰經驗，從設計專業到專案管理，再歷練產品經理與國際行銷業務，足跡遍及三十國；當他再次轉換跑道、擔任企業創新管理顧問，一年內即達成一千兩百個小時授課，迅速成為兩岸上市公司炙手可熱的超級講師。他一次次跨出舒適圈，不斷挑戰自己的極限，只要想做，他就能達成，他是劉恭甫，我的老同學，你最好的職涯成長教練。

奇想創造(GIXIA Group)共同創辦人／富奇想股份有限公司執行長兼總經理 簡大為

不懂這些，別想加薪；懂了這些，效能提升；懂了這些，幸福滿點。劉恭甫老師將課堂手法應用在本書中，採取各種情境，讓我們不只學到技巧，更能演練成為自己的經驗。搞不清自己職場生涯中為何不上不下？夥伴關係卡卡？專業能力無法發揮？這些將在這本書中得到充分解答。

講師陳瓊華 Robin

在職場上，什麼樣的態度及學習，幾乎決定了身價的高低。這也是我這些年從恭甫老師身上看到的一種習慣。恭甫老師經常以新的思維、新的方法及新的能力，改變自己、分享他人，進而影響他人。

這本書不僅讓人知道兩岸職場必備職能專業或技巧，也是要讓人在閱讀學習中，喚起自己內在動力及學到實用的知識。

中華民國全國中小企業總會顧問 曲軒

成為專業講師之前，我在職場待了二十年，幫超過五百個人加過薪水。我太清楚當事人需要如何表現，才能讓主管願意幫他加薪。沒錯，想要加薪，大概就是這二十四個重點。超級認真的作者，超級精采的書！

專業講師／超級領導力／東海財金所助理教授／澤鈺智庫總經理 李河泉

Jacky 是我在合勤科技「種子講師培訓班」的第一屆學員，回憶起第一次認識他，他在三天培訓中和別人的不一樣，吸引我的注意。不久在三、四年中，他慢慢經由內部講師的經驗累積，開始受邀為企業進行培訓課程成為一位企業講師，走上我這十四年來的專業講師職場之路！

他一直尊稱我是他的「講師之路的啟蒙老師」，但我想若沒有他的努力不懈、積極向上和不斷的學習，我想他也不可能精萃自己成為一位受人歡迎與敬重的好老師！

很開心他在累積多年培訓經驗後，以這本《不懂這些，別想加薪》分享他的成功經驗！希望所有人閱讀後，不但能為自己加薪，也為你自己所屬團隊創造不可替代的價值，共創雙贏與共好！再次恭喜 Jacky，所有讀者有福了！

首次見到恭甫是在講師分享會上，一場讓人印象深刻的演說。他一派輕鬆就把複雜的觀念講得清楚透徹，同時又熱情地把個人體悟慷慨分享。兼具這兩種難得的特質，難怪會成為橫跨兩岸的頂尖講師，也讓這本書成為所有工作者必備的收藏！

果果管理顧問執行長 陳慧如

《大人學》《專案管理生活思維》創辦人 張國洋、姚詩豪

初認識恭甫兄是在精誠的教育訓練裡面，他可以將一們嚴肅的專案管理課程，講得生動活潑，也可以像卡內基訓練般地，將溝通的對象分類。始終面帶笑容且創意十足的恭甫，總能從他身上感受到熱情且正面的激勵能量。漫長的職業生涯，不管扮演何種角色，人際溝通的軟技巧是你一定要學會的，約翰誠摯推薦本書給上進的你。

東森大數據建置處協理 程哲明

恭甫老師像是塊強力海綿：吸收多、轉化快、自律嚴、拚勁強，想做什麼事情，都能快速達成，非常不容易！

這種快速學習轉化能力，在他轉任專業講師、決心攻讀清華大學 EMBA、或是完成這一本著作……，都展露無遺，用最短的時間、施最強的能量、挑戰不可能的任務，這是恭甫老

師的職場必殺技，也是你我都該學習的必修課！

奇果創新管理顧問公司首席創新教練 周碩倫

恭甫老師的新書，主題命中兩岸職場存在最普遍的痛點，也是企業菁英目前最需要引導的亮點。面對產業變化急遽的年代，能看到一位有熱情、有創新，且兩岸企業授課經驗豐富的老師的著作，相信是每位想尋求加薪者的福音。

交大科技管理究所兼任副教授／中國知識管理人物 陳永隆博士

要加薪的朋友，一定要看功夫老師的書。他本身就是個成功案例，在短短兩年，打響「功夫老師」品牌，成為兩岸三地最紅的創新顧問大師，幫自己加薪夢幻數字。我記得二〇一二年準備全國EMBA個案分析時，恭甫的角色是主講，他演講創新一流且說服力強，在個案分析比賽得到全國雙料冠軍。恭甫給我的感覺，明天永遠充滿希望。

清華大學 EMBA13 金雲科技董事長 陳詩慧

在人資領域工作許久，深刻感覺到，人才是組織中最寶貴的資產，也是組織發展最難以取代的內涵。而人才的發掘與養成是如此難得，同為職場打拚的你我，要如何成為組織中人見人愛的好人才？

從恭甫老師的新書《不懂這些，別想加薪》，可以一窺究竟。恭甫老師把他在人資領域的專業，以及長年奔走兩岸所積累的經驗，整理出二十四種職場關鍵能力，教導我們戰勝職場，成為組織中的關鍵人才，是一本職場新手必看，職場老手更該看的秘笈寶典。

瑞儀光電 人力資源處副理 謝至傑

不自我設限的人，成就才會無限。充滿好奇、持續探索、勇於挑戰、無私無懼。恭喜老師發表大作！培養書中二十四種能力，並相信自己、不怕失敗，秉持「好還要更好」的精神，您一定會出類拔萃。

全國不動產加盟總部董事總經理 石吉平

【自序】

超過三千位主管訪談與一千份問卷所誕生的二十四堂必修課

二〇一一年，我揮別十五年、三十國的國際職場生涯，成立了一家管理顧問公司，擔任企業的管理顧問，同時也在大學商學院和許多大型企業開設教育訓練課程，致力於提升員工與主管們的創新思維、銷售技巧與專案管理能力。

四年的時間，我在兩岸完成了超過六百場企業培訓，超過四千小時，超過兩萬八千名學員，每當課程中間與課程結束，許多學員都帶著許多職場上的問題與我討論，最後幾乎都導向一個方向：如何有效升職與加薪？我想這也是大多數職場工作者共同的議題，我想幫助這些學員突破現狀。

我開始思考一件事，每年有許多人同時投入職場，每家公司同時有很多新人加入，為什麼一年過後、兩年過後，有些人得到了他想要的，例如加薪升遷，有些人卻無法得到？這難道是一場公平的比賽嗎？每位職場上班族都希望更快升遷，薪水更高，表現更出色，但是我們應該怎麼做？

某次參加一個領導力論壇，希望我們分組，針對員工能力的議題進行深度探討，其中一個主題吸引了我，「回想我們過去到底做了什麼事讓老闆看上我們，才能拔擢晉升與加薪？」

這不就是我一直在思考的議題嗎？

由於與會者幾乎都是已經是主管了，所以等於現場所有人都是成功案例，我在想討論的結果一定非常具參考價值，現場經過歸類後，有五種常見讓老闆看上的理由分別為（以下排序不代表重要順序）：

◆專案管理的能力。
◆簡報表達的能力。
◆問題解決的能力。
◆商業思考的能力。
◆應變執行的能力。

經過這次的思維衝擊後，我立刻想到，既然我現在在兩岸各大知名企業進行培訓與管理顧問，何不直接問問受訓的主管們這個問題？

我問他們一些問題，例如「為什麼你會升主管？會加薪？」、「你做了什麼事？」、「你的主管看上你哪一點？」、「在你的職場工作經驗中，你曾經因為做了什麼事而被主管稱讚『你和別人不一樣』，讓你更順利獲得升遷或加薪？」

過去四年，我在兩岸幫助超過兩百家知名上市公司培訓，接觸超過三千位中高階主管，透過與他們在課堂中的交流與觀察，或進行正式與非正式的對談，並結合兩岸進行超過一千份「職場的升遷與個人能力關聯性之研究」的問卷調查，整理他們在工作中最常遇到的問題，萃取他們的職場成功經驗，找出二十四個升職加薪的關鍵原因，本書《不懂這些，別想加薪：兩岸百大企業菁英都上過的24堂必修課》，依據調查結果精選出三大類別（溝通類、專業類及態度類）總共二十四種情境，每個情境都提供具體練習方法與技巧，絕對可以讓你縮短摸索時間，大大提升你在老闆面前的能見度，輕鬆戰勝職場，獲得加薪與賞識，晉升到更高的職位。

從這些成功經驗中，我學習到一件事：跟別人一樣，永遠別想出頭天，只有想得不一樣，做得不一樣，才能快速成功。

感謝商周出版社全力支持這本書的誕生，也感謝兩岸超過八十位知名企業高階主管與管理專家聯名推薦，書裡面有許多實戰的有效經驗與實務案例，大部分都是根據真實的情境改編，希望能讓大家在閱讀時，更能覺得身歷其境，在了解技巧方法的同時，更能清楚了解如何在真實狀況中運用。

本書更設計了一份學習地圖，幫助大家在七周的時間內，透過一步一步的建議與練習，逐步有效提升自己的能力。書中所描述的方法與技巧，在過去曾幫助過許多在職場中不斷努力的專業工作者，相信一定也能幫助你，我相信透過練習，你一定可以發現這些方法真的有用！

這是我人生的第一本書，對我而言，寫書比起每天站在台上講課還累。特別是在今年寫書的過程中，同時需要完成清華大學EMBA的畢業論文，而且身兼許多企業的創新顧問，再加上兩岸往返奔波的狀況下，經常需要在飛機上或往返高鐵上，或是家人還在熟睡的清晨裡，強迫自己持續將近一年的時間，一字一句寫下本書的內容。

所幸在老婆大人的全力支持與鼓勵下（老婆，您辛苦了！）加上女兒與兒子的加油與陪伴，還有商周出版社的督促與期待，讓我終於完成一件自我超越的任務！希望透過這樣的努力，讓這本書的內容能對各位讀者有些許的幫助，這就是我最高興的事了！

你準備好要在職場上發光發亮嗎？就讓我帶著你，開始學習對你絕對有幫助的二十四招功夫：兩岸百大企業菁英都上過的二十四堂必修課！

第一篇

溝通不好，如何能表現出最好的自己？

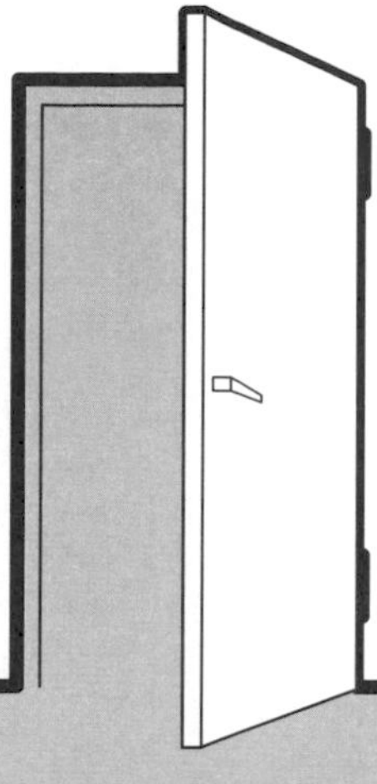

第 1 堂　如何精準明快地跟主管報告重要事項，讓主管迅速掌握狀況？

第 2 堂　如何讓主管欣賞自己的提案和意見並採納？

第 3 堂　如何快速思考並且有條理具邏輯性的表達自己意見？

第 4 堂　如何回答問題，才能讓主管印象深刻？

第 5 堂　如何聚集向心力，讓會議更有效率？

第 6 堂　如何讓最高決策者對你的簡報能力印象深刻？

第 7 堂　如何依照不同個性，有效說服並影響主管與同事？

第 8 堂　如何善用五大流程，搞定跨部門溝通協調？

第1堂

如何精準明快地跟主管報告重要事項，讓主管迅速掌握狀況？

有次客戶進行年終專案成果發表邀請我出席，當天我一到會議室，承辦單位張經理立即表示，今天早上總經理可能會來了解狀況。

果然接近十一點時，總經理坐進會議室後面的一個角落，接下來便看見張經理迅速跑到總經理旁邊說了一些話後，總經理便跟我微笑、點了下頭，接著張經理便迅速回坐。

中午吃飯大家閒聊時，提到張經理進公司不過只有兩年的時間，卻馬上成為管理職，相較於跟他同期的同事，在晉升速度上讓人非常羨慕。這讓我回想到專案進行半年來，大部分的同事雖然也非常認真，但是每次碰到總經理總會刻意避開，相對而言，張經理每次碰到總經理都會主動報告事項，難道這是升遷的秘訣嗎？而他又報告了哪些事情呢？

於是下午趁休息時間，我便問張經理早上跟總經理說了些什麼事情。他表示，「我只是跟總經理說，這是半年來正在進行的服務設計專案，目前正在做成果發表，我們的顧問就是坐在那裡的劉老師。同時等下要公布前三名，並問他要不要上台頒獎？」

聽到張經理這麼精準的口頭報告，我笑著問他，「總經理一定非常依賴您對不對？」張經理不好意思的表示，「總經理常跟我說，他最喜歡我每次都用最精簡的方式報告，讓他可以快速進入狀況。」我想，張經理這種能夠準確報告的能力，就是他能夠快速升遷的利器。不過，到底該如何培養這種能力？有沒有一定的 SOP 可以參考遵循？

一般來說，職場中主要可分成兩種口頭報告，一種是工作進度，一種是問題現況。這兩種口頭報告都必須很精簡的在一分鐘內，讓主管一聽就懂，才能夠讓他們快速抓到重點。

然而，這兩種口頭報告該如何才能抓到要點又不拖泥帶水？以下我就針對這兩種不同的口頭報告，為讀者提供簡要的學習方法，幫助各位在一分鐘內把事情說清楚並精簡的表達要項。

一分鐘工作進度口頭報告的實際操練

不論是所負責工作目前的進展狀況，或是進行到一半的專案進度，都需要向主管進行進度報告。

例如在上述張經理的案例中，張經理對總經理所做的說明，就是屬於進度報告，從張經理報告的重點來分析，可分成三個部分，一個是切入點，一個是進度點，一個則是請示點。

這是半年來我們正在進行的服務設計專案（切入點）。

「一分鐘工作進度口頭報告表」範例

	方法	範例
切入點	幫主管回憶重點	主管，上個月會議有討論到今年第一季公司客訴件數同比去年由 10 件增加到了 30 件，您還記得嗎？
進度點	現狀、目前進度或問題	目前我們正導入新服務流程，團隊正在討論兩種方案。
請示點	給主管選擇並請示決策	方案一：一次性完整導入，總費用高，花費時間少。 方案二：分兩階段導入，總費用低，花費時間多。 團隊認為方案一比較好，但是我們需要聽聽您的意見。

目前正在做成果發表（進度點）。

等下要公布前三名，您要不要上台頒獎（請示點）？

一分鐘問題現況口頭報告的實際操練

除了報告時間點和進程，在工作中，我們也常常需要跟上級主管報告問題現況，例如突發狀況的問題報告。然而，許多人在報告問題時，常發生說了很多卻沒有重點，或是說得太簡單，而無法將問題說清楚的狀況，所以「說不清楚」正是問題的開始。

例如，我們常會說「專案延期」、「預算超過」、「設備壞了」、「人手不夠」、「員工效率不好」……，其實這些都是「假」問題，因為問題本身根本都沒有表達清楚。

愛因斯坦說，「精確的陳述問題比解決問題還來得重要。」教育家約翰．杜威（John Dewey）也說，「精確的陳述問題，就等於解決問題的二分之一。」那麼要如何把問題說清楚？也就是到底該如何正確陳述問題呢？

首先，我們可以把問題說明分成三段，第一段以 4W2H 說出現狀，接著說出今昔或改變前後之差距，最後再說出問題產生的影響。

以 4W2H 說出現狀

4W2H 是指什麼事件（What）、哪個時間（When）、哪些人（Who）、哪些地點（Where）、如何發生（How）、發生數量（How many）。例如以跟主管說明客戶投訴事項為例，可以用如下的 4W2H 法進行說明。

什麼事件（What）：投訴
哪個時間（When）：上個月
哪些人（Who）：顧客
哪些地點（Where）：經銷商
如何發生（How）：有關產品因為高溫而當機
發生數量（How many）：一百件

如果把這個投訴事件以 4W2H 為原則，說成一句話，就是：

上個月，顧客對經銷商有關產品因為高溫而當機的投訴件數，達到了一百件。

說出今昔或改變前後之差距

將要向主管報告的問題跟目前或過去的狀況比較，或是以別人或業界的例子相比較，讓主管能夠更了解其中的落差。例如以下的說法：

◆比去年同期多了五十件。
◆比上個月多了二十件。
◆比同業多了三十件。

說出問題產生的影響

跟主管說明若不處理會產生什麼影響，最好能夠將影響量化。例如：

◆這種現象若不改善，最後業績下滑可能會導致五百萬台幣的損失。

◆若不改善現狀，顧客滿意度會下滑百分之二十。

◆若不調整，市占率將下滑百分之五。

經過以上的說明和練習後，相信大家對於報告的方法和要點已經有初步的概念，接下來便是要勤於練習並運用。你可以將「一分鐘工作進度

「一分鐘問題現況口頭報告表」範例

	方法	範例
現狀	4W2H	上個月顧客對經銷商有關產品因為高溫而當機的投訴件數，達到了 100 件。
差距	與過去比較；與業界比較	比去年同期多了 50 件。
影響	不處理會產生什麼影響	這種現象若不改善，最後業績下滑可能會導致 500 萬的損失。

口頭報告表」和「一分鐘問題現況口頭報告表」兩個表格列印出來隨身攜帶，未來要向主管報告前，依表格中的方式和提醒進行思考，在一分鐘內精準又明快的做好口頭報告，提升自己在主管心中的分量。

功夫老師的真功夫

◆ 因為上了您的課，得到您的鼓勵，讓我有勇氣再次站上講台，發現久違的自己。永豐銀行理財專員　胡雅純

◆ Say Yes，是我認識的恭甫老師風格，對挑戰 Say Yes，對困難 Say Yes，對創新更是伸出雙手大大擁抱地 Say Yes！謝謝恭甫老師讓我瞭解甚麼是 Say Yes 的勇敢與熱情！」亞洲水泥訓練專員　林宜嫺

第2堂 如何讓主管欣賞自己的提案和意見並採納？

那天在上海特地約了十多年沒見的老同學龍哥碰面，聊聊彼此近況。從學校畢業後，龍哥現在是一家大型家具設計公司的設計總監，但在此之前，他還曾做過業務。事實上，他進入職場後的第一份工作是做設計師兼行銷企劃，幾年之後才選擇轉戰業務職。

我問他，工業設計畢業的他做設計師與行銷企劃做得好好的，怎麼會想要當業務呢？他表示，有一次他花了許多時間設計好一份新產品上市企畫案，並邀請業務部門的同事進行新企畫說明，可是當天在會議上被許多業務問了很多問題卻回答不出來。

當天會議結束後，一位在場的業務部門主管特地等所有人離開後，在會議室門口跟他說，「我覺得你應該要到業務部門磨練一下，才會知道新產品上市時，業務是如何站在客戶的角度進行銷售，因為你剛才的新產品說明，完全是站在自己的角度，這樣是不能賣出產品的。」

當時這位主管的一番話，讓龍哥突然醒悟，原來自己一直都不懂客戶與市場，只是自以為是地在設計產品。因此當下他便轉調業務部門，從業務的角色出發，實地了解市場，在一段歷練後，才又回到設計企畫的領域。在這段過程中，最大的收穫就是讓他了解，每位設計企畫都應該做過銷售，才能知道怎麼把好產品賣出去，而這也是他現在可以帶領設計人員成功開發出熱賣產品的主因。

龍哥所分享的經驗，讓我回想許多朋友常會抱怨自己認為很好的提案，卻總是被主管打回票，也就是說，即便構想再好，如果無法被主管採納，終究只是個空想，這種狀況就像業務人員推銷產品，必須被客戶採納一樣。

其實在職場上，不管什麼職位，我們每天都在對主管、對客戶、對跨部門，甚至對同部門的同事進行銷售、說服別人，不論是流程改善建議、部門能力提升計畫、加薪升遷提議等，都可說是一種廣義的銷售行為，也就是必須說服主管或同事的支持，把自己的構想成功實現。

一旦成功的銷售點子給主管，你便可能獲得下面三點利益：第一，主管當場承諾同意你的提案並給予資源。第二，主管願意將提案提報到更高層的會議中。第三，主管開始找尋團隊中的其他人分工支援你。在這些狀況下，你才可能實現自己想要達到的目標。

不過，到底應該怎麼做，才可以把自己的絕佳構想被主管所採納呢？掌握以下三大要點，相信可以讓你獲得實質的幫助。

第一點：以 NFABER 說服公式消除主管的擔心和疑慮

面對主管與客戶，為了能夠成功銷售，我們必須知道他們最擔心什麼？有的主管最擔心風險，有的最擔心跟別人一樣，也有的擔心要花太多預算。

也就是說，主管通常會有三個最常擔心的問題，第一個是擔心無法解決問題；第二個是擔心提案沒有特色；第三個是擔心提案對客戶或公司沒有好處。

所以，我們可以從這三個不同面向的擔心開始思考，並以 NFABER 說服公式，有效消除主管的擔心，成功銷售自己的好構想和提案。

所謂的 NFABER 說服公式，包含以下六大元素：

N（Needs）：公司的需求或是需要解決的問題。

F（Feature）：提案或構想的名字。

A（Advantage）：提案的特色或優點。

B（Benefit）：對客戶或公司的好處。

E（Evidence）：具體的證據。

R（Request）：下一步的行動建議。

例如你要對主管提案，希望可以推動「關鍵人才培訓計畫」，若將這個構想拆解成 NFABER 的公式，則會如下面的表格：

如果將表格中的拆解整合成一段話，我們可以這樣向主管說明：

「NFABER 說服公式表」範例

元素	意義	內容
N（Needs）	公司的需求或是需要解決的問題	我們 2015 年總共進行 60 個產品專案，延遲天數共超過 1500 天，相對於 2014 年還增加了 300 天，等於增加了 200 萬的成本。
F（Feature）	提案或構想的名字	所以 2016 年我們要進行「關鍵人才培訓計畫」。
A（Advantage）	提案的特色或優點	這個培訓計畫最大的特色是結合三大能力：邏輯思考力、專案管理力與簡報表達力。過去是單點式培訓，這次是點線面整合式培訓。
B（Benefit）	對客戶或公司的好處	對公司來說，能夠降低專案延遲天數 15% 與降低成本 10%。
E（Evidence）	具體的證據	百大企業中已經超過 50 家企業採用。
R（Request）	下一步的行動建議	所以請你在下周五之前決定是否列入明年的預算。

我們二〇一五年總共進行六十個產品專案，延遲天數共超過一千五百天，相對於二〇一四年還增加了三百天，等於增加了二百萬的成本。所以二〇一六年我們要進行「關鍵人才培訓計畫」。

這個培訓計畫最大的特色是結合三大能力：邏輯思考力、專案管理力與簡報表達力。過去是單點式培訓，這次是點線面整合式培訓。對公司來說，能夠降低專案延遲天數百分之十五與降低成本百分之十。百大企業中已經超過五十家企業採用。所以請你在下周五之前決定是否列入明年的預算。

這個公式也可以用在對客戶的提案上，例如一家產品公司要對汽車公司客戶進行銷售時，運用 NFABER 的公式可以這樣說：

「NFABER 說服公式表」範例

元素	意義	內容
N（Needs）	公司的需求或是需要解決的問題	貴公司明年的策略要提供市場客製化的服務。
F（Feature）	提案或構想的名字	我們公司是一家專門提供客戶建立「客製化能力」的解決方案公司。
A（Advantage）	提案的特色或優點	相對於其他廠商，我們擁有 3 天最快速的彈性開發能力與 30 年最有經驗的設計團隊。
B（Benefit）	對客戶或公司的好處	對於你們來說，可以因此快速提升產品上市的速度與客製化的能力。
E（Evidence）	具體的證據	目前前十大車廠中有八大車廠皆已經採用我們的產品。
R（Request）	下一步的行動建議	這裡有兩個方案請您過目，挑選一種最適合貴公司的方案。

如果將表格中的拆解整合成一段話，我們可以這樣向客戶說明：

貴公司明年的策略要提供市場客製化的服務。我們公司是一家專門提供客戶建立「客製化能力」的解決方案公司。相對於其他廠商，我們擁有三天最快速的彈性開發能力與三十年最有經驗的設計團隊。

對於你們來說，可以因此快速提升產品上市的速度與客製化的能力。目前前十大車廠中，有八大車廠皆已經採用我們的產品。這裡有兩個方案請您過目，挑選一種最適合貴公司的方案。

第二點：搞清楚誰會影響主管的決策？

當你有一個好構想準備提案「銷售」給主管，除了提案內容外，你必須知道一件事，那就是有一些人正在默默地影響你主管的決策。

這些影響主管決策的人通常分成四種：決策者、影響者、購買者和使用者，如果要提高成功率，便需要同時了解這四種人。所以，當你正準備要向主管銷售提案時，先想想誰正在影響他的決策吧！

四種影響主管決策的角色

角色	定義	關心點	相應策略
決策者	拍板定案的人	最關心的是效益性，也就是成本預算的使用與最終產生的成果是什麼，決策者可能是你主管的主管。	決策者可能是你的主管的主管，所以凡事請至少往上思考兩層，平時應該多了解公司的策略與方向。
影響者	影響決策的利害關係人	最關心的是適用性，也就是規格或條件是什麼？	可能是公司內技術能力較強的一位，例如新產品開發案可能是研發部副總或銷售部副總，平時我們應該與這兩個單位多接觸，以了解我們內外部的優勢與劣勢。
購買者	執行採購或購買行為的人	最關心的是風險性，也就是風險在哪裡？	可能是公司的採購部門或財務部門，他們負責廠商的往來，或是預算的編製，平時我們應該多了解採購部門與產業價值鏈的關係，了解年度預算的使用情形。
使用者	最終使用這個提案會實施在那些人身上	最關心的是使用性，也就是使用的方法與運用的情境。	可能是公司內員工或是公司客戶，如果是內部提案例如流程改善，使用者就是相關部門的員工，如果是外部提案例如新市場開發，使用者就是我們的目標客戶，所以平時應多了解趨勢變化與客戶增減比率，以助於我們提案成功。

第三點：讓主管覺得可行性很高

當有一個很棒的點子要提案，我們必須了解主管在想什麼，也就是他們會如何評估。以下是主管評估構想或提案是否合宜時，心中最常思考的十大問題：

1. 組織上到底要如何完成或配合這個專案？
2. 這個提案要花多少成本？會帶來多少效益？
3. 要多少人力或組織才能完成這個專案？
4. 想法很好，需要什麼資源來執行？
5. 這個構想如果全部執行會花很多成本？請問最核心的是哪一個？如果只能選一個任務先做，你要選哪一個？
6. 最終想達成什麼目的？達到什麼效益？
7. 如果這個專案要成功？你們想達到什麼目標？什麼是成功關鍵因素？
8. 這個專案的風險是什麼？要如何預防風險？
9. 別人做過嗎？如果沒有？為什麼？

10. 過去有類似專案但是沒成功，你如何確定這次會成功？

在職場上，我們每天都在進行銷售與說服，如果有好的構想，我們必須說服主管或是同事的支持，才能有效推動計畫、推動專案、推動構想，甚至讓我們順利加薪升遷。掌握三大要點，包括運用 NFABER 說服公式，考慮影響主管決策的人，最後不斷在提案前先自我提問十大問題，絕對可以幫助你把自己的絕佳構想賣出去。

功夫老師的真功夫

◆老師用了許多互動的手法，讓學員們更加的懂得如何增加簡報技巧，也因為這門課，讓學員在業務會報或者產品簡報時，都更加的表現亮眼。

振發實業股份有限公司總經理室人資課長　徐好儀

◆在一次機緣，上了功夫老師的課程，驚喜不已，原來創意應用於生活，處處是創新的引爆點，是一份簡單易懂的技巧。埔里鎮農會　陳盈鉅

第3堂 如何快速思考並且有條理具邏輯性的表達自己意見？

會議中常會遇到主管提出問題，希望我們表達想法，例如「上個季度我們的業績不如預期，請大家提一下意見該怎麼做？」

如果憑直覺提出，「我認為應該要增加業務員」之類的答案，因為問題的根源不一定出在業務員人數，也可能與產品、定價或通路有關。而這種「似乎很有道理，仔細一想卻完全沒道理」的發言，不但無法讓人信服，也代表你說話沒有周全的考量，反而會讓主管覺得你根本沒有思考，胡亂作答！

那麼，要如何讓自己的思考與表達有邏輯性呢？要如何在關鍵時刻，讓人覺得言之有物、精準表達。切中要點，並讓人印象深刻？該如何能立即以清晰的邏輯架構，展現說服力？

首先，邏輯是什麼？邏輯就是協助自己或是聽的人「有依據的看一件事或得出解答」的方法。也就是必須依靠邏輯有系統地切分一件事，然後按理引導出結論，讓我們的論述更有說服力。

可是一聽到「邏輯」兩個字，常常會聯想到「白馬非馬」等深奧的理論，常覺得很難學習或需要天分。其實不然，要讓思考與表達有邏輯性，不用靠天分，只要運用架構，就能用簡單的語言解釋複雜的問題。

例如，當在會議上被點名提出對業績的看法，大部分人的回答可能是，「我覺得現在景氣很差，所以業績不好」、「我覺得業務員人數不足，所以業績不好」……等，這些回答比較像是個人感覺，容易讓主管覺得你是臨時想到，並沒有深思熟慮。但若能運用「邏輯表達法」試試看，絕對能展現出有邏輯的思考，讓你的發言在別人心中留下深刻印象。

善用邏輯表達法事半功倍

時間法

如果想表達持續一段時間的現象，可以運用此法，表達順序是過去、現在、未來。此法的優點在於，可以讓聽者很容易回顧過去、展望未來。例如：

我們去年第三季（過去）業績不如預期，主因是產品品質不良，今年的上一季業績（現在）不如預期，主因也是產品品質不良，我們接下來（未來）必須要有效提高產品品質，才能提高業績。

問題法

如果想表達問題發生的原因與解決對策，可以運用此法，表達順序是問題、原因、對策。此法的優點在於，可以讓聽者很容易感受到問題的嚴重性並產生行動。例如：

業績比去年同期下降百分之十五（問題），主要原因是客戶在品質方面的投訴件數高達一百二十件，讓客戶對我們失去信心（原因），所以我們應該要立即成立投訴應變中心（對策），兩個月內妥善處理投訴問題，重拾客戶的信心。

業績比去年同期下降百分之十五（問題），主要集中在五月份下降最多，高達百分之三十，下降最多集中在美國東部的二十八家經銷商，他們反映是新品來不及鋪貨所導致（原因），所以我們應該要提高鋪貨效率（對策）。

業績比去年同期下降百分之十五（問題），主要是因為工廠來不及出貨（原因），而第四條生產線出現問題最多，問題集中在檢測工具與現場人員調配問題，所以我們應該對此調配問題進行改善計畫（對策）。

流程法

如果想表達流程中的分析，可以運用此法，表達順序是流程一、流程二、流程三。此法的優點在於可以讓聽者很容易從流程中比較。例如：

業績比去年同期下降百分之十五，以整個業務管理流程來看，有三個階段做得不好，第一是開發客戶數量不夠多（流程一），第二是樣品無法及時送測（流程二），第三是得標成功率低（流程三）。

業績比去年同期下降百分之十五，經過分析討論後，我們認為以整個業務管理流程來看，有三個階段需要加強，第一是提高開發客戶數量（流程一），第二是樣品及時送測（流程二），第三是提高得標成功率（流程三）。

三大重點法

如果想快速表達自己所提出的重點，可以運用此法，表達順序是重點一、重點二、重點三。此法的優點在於，可以讓聽者很容易抓住重點。例如：

業績比去年同期下降百分之十五，主要原因來自三大方面：流程不合理（重點一）、品質不佳（重點二），以及服務不好（重點三），我們必須針對這三大原因進行深入研究在一周內找出解決方案。

業績比去年同期下降百分之十五，經銷商反映主要集中在三個方面：第一是定價太高（重點一），第二是促銷時間太短（重點二），第三是產品同質性高沒有特色（重點三），所以我們需要在一周內提供解決方案給經銷商。

比較法

如果想表達自己的分析與比較，可以運用此法，表達順序是比較一、比較二、比較三。此法的優點在於，可以讓聽者很容易抓住分析比較的基準點。例如：

業績比去年同期下降百分之十五（比較一），行業平均下降百分之二十（比較二），競爭對手A反升百分之五（比較三），所以，雖然我們高於行業平均，但是距離競爭對手A，反而相差更大。

實際運用邏輯表達法表格

邏輯思考的訓練，往往需要很長一段時間，我將上述的五項邏輯表達法製成下列表格，便可直接以邏輯思考的方式，運用在會議觀點的表達上，節省許多學習時間，但是需要常常練習。

建議每種方法至少練習三次以上，找出自己在運用上的手感。未來，各位可以隨身帶這張表格出席會議，嘗試運用現場的議題，讓自己主動選擇其中一個架構表達觀點，絕對能讓別人對你印象深刻。

邏輯表達法五大架構表

邏輯表達法	運用時機	邏輯表達內容順序一	邏輯表達內容順序二	邏輯表達內容順序三
時間法	表達持續一段時間的現象	過去	現在	未來
問題法	表達問題發生的原因與解決對策	問題	原因	對策
流程法	表達流程中的分析	流程一	流程二	流程三
三大重點法	快速表達自己所提出的重點	重點一	重點二	重點三
比較法	表達自己的分析與比較	比較一	比較二	比較三

功夫老師的真功夫

◆只要功夫下得深，鐵杵磨成繡花針；只要恭甫常在身，創意夢想必成真。

盟創科技 研發產品驗證部 沈欣宗

◆恭甫老師傳授的功夫秘笈，雖然僅有短短六小時的課程，卻深深影響的所有企業二代對於創新的思維。恭甫老師累積的豐富教學經驗及個案，絕對是職場上讓你大進補最佳寶典！大葉大學公關事務暨校友服務處楊文慶主任

◆劉恭甫老師以一期一會的精神，貫徹在他的每一次授課中，無論是需求訪談、課程設計、教學技巧、臨場授課，環環相扣流暢進行，讓學員快速知道、做到、得到，授課功力持續進化，真是難能可貴。統一證券管理部人力發展科經理 張堂源

第4堂 如何回答問題，才能讓主管印象深刻？

Alex是我的一位客戶，擔任某間企業的人力資源部資深經理，樂於學習、喜歡分享，我到他們公司上完課，互相交談幾次後，就變成無話不談的好朋友。去年底我又到他們公司上課，中午午餐時，他分享關於公司剛結束的人評會狀況，讓我的印象非常深刻。

Alex表示，每年一次的人評會，就連不常參加會議的董事長也一定會親自參加，人力資源部三個月前就開始準備，要求每位主管需要把過去一年值得升遷的人選提名到會議上，董事長會在會議中直接決定人選的升遷與否。

今年人評會將從兩位資深專員人選中，選出一位升遷為製造部的經理。其中張協理提名Bob，李協理則提名Kevin。

兩位主管分別花了三分鐘說明這兩個人各自在過去一年的努力成績，包括所完成的專案，以及如何有效降低成本並提高效率等，但由於名額只有一位，董事長必須從中擇一。

董事長聽完介紹之後，低頭看了手邊資料和兩人的照片之後說：「這個Bob是誰？我對他好像一點印象也沒有。」接著說，「這個Kevin，我記得他在上次的季度檢討會時，對於我們流程上產生的問題所提出的意見與觀點很不錯，很有自己的想法也符合公司的需要，我對他當時的表現印象很深刻。」可想而知的是，當場董事長便宣布由Kevin升遷為製造部的經理。

在關鍵時刻，你在高階主管心中有多少印象分數，往往是決定關鍵的一票！然而，到底該怎麼回答才能獲得主管的青睞？以下我提供回答主管問題時，一定要掌控好的三大條件，以及回答問題的SOP給大家參考。

掌握回答問題的三要件

當主管問你，「上個月業績如何？」、「昨天客戶為何會取消訂單？」、「前天產線為何會出這麼大的問題？」等問題時，你都怎麼回答？

很多人習慣回答，「很難說」或「很複雜」，其實這對主管而言，根本沒回答，更難從中判別問題的癥結點。身為部屬，除了報告進度與提案外，回答主管問題必須有方法，甚至有公式。

讓我們先思考一下，當主管時間有限，他最想在你的回答中聽到不外乎三點：

一、結論，這件事我們應該要怎麼做？你的建議是什麼？

二、事實，這件事是如何發生的？過程中最關鍵的事實是什麼？

三、重點，這件事的問題重點是什麼？改善重點是什麼？

所以，我們應該把握以下三個原則回答問題：

一，先說結論。把「因為」、「所以」，換成「所以」、「因為」

公司裡的主管都很忙，各位回想一下，當回答主管問題拖泥帶水時，主管可能就沒耐心了，可能你的話還沒說完，他的電話就響了；也可能有其他同事或是急事要找他。在各種可能發生的狀況下，他很可能無法完整聽完你的回答，因此我們一定要學會先說結論。

例如，當你被問到，「這個客戶怎麼樣？」一個切中要點的回答應該是：

「這個客戶訂單必須延到下一季（所以），因為本周三客戶說訂單不明確，我們……（因為）」

至於一個會讓主管沒耐心的回答則會是：

「這個客戶上周二我們電話討論了進度，上周五我們又確認了一次，本周三客戶打電話告訴我們說需求不明確（因為），所以訂單必須延到下一季（所以）……」

二，以數字呈現事實：把形容詞換成數字

主管通常希望在最快的時間聽到最關鍵的事實，所以把常說的「因為速度太慢，所以客戶不滿意」或是「客戶認為我們的品質很差」等句中的形容詞轉換成數字，可以讓

主管迅速掌握事實。

例如，當你被問到，「這個客戶為何取消訂單？」我們應該要把「太慢」換成「花了一百六十二分鐘完成」，把「很差」換成「一周內出現兩個重大問題」。

所以我們應該這樣回答：

「因為我們花了一百六十二分鐘才完成，所以客戶不滿意。」或是「客戶認為我們一周內出現兩個重大問題的品質很差。」

三，直接講重點：只要一句話引起主管興趣就可以，接下來主管就知道要做什麼了

例如，當你被問到，「這份企畫書好厚，可以簡單說明一下嗎？」

像是「這份企畫分成八個部分，一開始是企畫緣由，我們因為……，接下來是市場分析，分析了商機成長……」之類的說法，並不容易能夠讓主管立刻了解脈絡。

比較適當的方法應該是直接說明這份企畫書的主要內容，像是：

「為了提高流程效率百分之十，我們團隊思考了三種改善方案，要在下周選一種開

始執行，細節可以請您詳閱企畫書中第十頁的三種改善方案比較。」

回答問題也能有SOP

先提供幾個範例讓大家參考：

主管問，「這個流程產生的問題應該如何解決？」

不理想的回答，「應該要加派人手。」

理想的回答，

「我認為我們應該增加人工品質檢測站（結論），第一是因為我們人員的經驗充足，可以用最快時間檢查完，第二是因為這個做法可以彈性運用人力，最後是因為我們可以立即實施（理由）。例如我們部門在去年五月，曾經試驗此做法能有效提升品質良率百分之十，還有某公司在去年也因為此做法，成功提高檢驗品質百分之十五（事實與證據）。所以我認為我們應該要增加人工品質檢測站（重複結論）。」

以這種方式回答的優點在於，可以讓主管覺得你的發言有理有據，非常具體。

◆主管問，「你覺得這個計畫怎麼樣？」

不理想的回答，「還不錯」或「很複雜」。

理想的回答，

「我認為這個計畫應該增加利潤率分析（結論），首先這個計畫很符合公司的策略方向（理由／優點），只是我擔心成本太高會降低利潤（理由／缺點）。例如在第八頁有營業額預估分析，第十頁有投入資源分析（證據），但是卻沒有整合性的利潤率分析。所以我認為計畫應該增加利潤率分析（重複結論）。」

以這種方式回答，主管會對你事先所做的功課和觀察印象深刻。

◆主管問，「你覺得進度趕得上嗎？」

不理想的回答，「應該可以。」

理想的回答，

「我認為這個進度有九成五的把握趕得上進度（結論），首先這個進度已經跟各部門確認過沒問題（理由／優點），只是我擔心其中研發設計這部分的進度因為客戶的要

一分鐘意見發言表

段落	用法	說法
結論	第一：先說結論 把你的建議或意見，或是這件事的結論以一句話說出來。	我認為……
理由（一至三點）	第二：接著說你的理由 言簡意賅最多三點陳述你的理由，或是優缺點分析。	第一、 第二、 第三、
證據	第三：舉出事實與證據 以數字代替形容詞進行說明。	例如…… 根據……
結論	第四：重複你的結論 結尾用「應該……」「需要……」「不應該……」等詞再次重複提出你的建議。	所以我認為……

求較高，比較沒把握（理由／缺點）。據我所知，研發部們在八月份工作滿載。所以我認為，如果可以提前確認客戶需求安排研發進度，應該有九成五的把握趕得上進度（重複結論）。」

以有條理又有解決方法的內容回答，主管很難對你沒有任何印象。

從範例中觀察，為了盡快抓到回答問題的要點，並根據前面提到的三個原則，我設計了一張「一分鐘意見發言表」。

身為部屬最常被主管要求回答問題，而回答得好，非常容易獲得主管的青睞，以上所建議的回答問題 SOP 是一個非常好的工具，建議大家多思考自己是否常常犯以上所列不理想的回答呢？如果是的話，各位一定要好好練習並思考下次如何進行理想的回答。

功夫老師的真功夫

◆此書結合劉老師實戰經驗、是本可帶給讀者豐富體驗的「實戰」書。四零四科技人力資源學習與發展單位主管　林芝蓉

◆很高興 Jacky 學長把這些多年來職場上闖蕩的精華集結成書，能讓更多人能提早了解、早點加薪。祝福他，也祝福各位讀者，相信讀完這書能讓大家功力倍增。安侯建業聯合會計師事務所台中所投資登記組協理曹雅芳

第5堂

如何聚集向心力，讓會議更有效率？

每年年底都是公司準備制定新年度計畫的時候，有間科技大廠總經理希望我能夠幫他們進行一個創新產品的輔導案，為了有效提出相關計畫，我便參加了他們公司的經營會議。

會議一開始，總經理先說明會議的目的，並希望針對公司內部「新產品業績不佳」的問題集思廣益，討論出較佳的解決方案。一陣熱烈的討論後，研發部和業務部的部分人員卻開始有些失焦，甚至有情緒性的發言，彷彿變成對立的角色，眼看最後會議就要草草收場，沒有任何結論。

這時產品設計部 Nelson 站起來表示，希望能協助大家一起思考，如何提升新產品業績。沒想到，經過一個小時，大家從僵持變成歡笑聲不斷的局面，最後不但找出答案還達成了共識。

在這場會議中，大家對 Nelson 另眼相看，覺得他真是一個絕佳的領導人才，後來公司在年底宣布主管晉升人事令，Nelson 破格成了公司最年輕的經理。到底 Nelson 在這場會議上做了什麼？

主持動腦會議突顯領導力

在企業內部進行跨部門溝通有好幾種方式，最常進行的方式是開會，而大多數的會議多半是強制參加，會議按照流程進行。在會議中，除非主管要求每人輪流報告，會主動發言的人基本上不多，導致成員的積極參與性往往很低，而且被動性的被分派工作，所以大多數的會議都成效不彰，無形中浪費企業許多資源與成本。

如何讓會議變有趣？一個讓大家一起參與的動腦會議是一個好方法。所謂的動腦會議是讓一個團體，經由共同目標或焦點問題，以互動性討論的方式進行多元思考，達成共識與產生結果，以解決問題的會議方式。

當你精於主持一個動腦會議，更可以快速在企業內部建立領導力，讓工作增加附加價值，是增加升遷與能見度最快的方式之一！曾經參與我的創新工作坊訓練課程的Nelson，便是利用動腦會議凝聚大家的共識，同時也突顯了自己的領導力，讓在場的總經理對他留下深刻的印象。

接下來，藉由Nelson當天在會議上的表現，讓我們來了解如何操作一個成功的動腦會議的三大步驟，以及動腦會議中常見的工具與操作方法。

第一階段：設計遊戲規則創造競賽氛圍

在這個階段，身為動腦會議的引導者，需要做好三件事：

第一，分組。分組最好是將各部門打散，可以讓集思廣益的異質化點子更有品質，盡量不要同部門一組，不然可能會演變成方案還是以自己部門利益為最大考量。

當天，黃總經理決定讓Nelson試試看之後，Nelson便在長條形會議桌前宣布，「我們來分組吧！現場分成三組，坐在我左右兩邊的人各為一組，黃總經理和副總是第三組，也就是評審組，我們來進行一個小遊戲。」聽完這句話後，大家雖然有點不知所措，但是明顯看出每個人的臉部表情似乎放鬆了一些。

第二，定好遊戲規則。簡單又清楚的遊戲規則有助於大家的理解與支持，既然是遊戲，就應該要設計評審進行裁判。

當天 Nelson 跟大家說，「遊戲規則很簡單，就是左右兩組各自有一個小時的時間討論，以今天的會議『如何提升新產品業績』為主題，小組必須產出一份你們認為最有效、最快速提升業績的方案，一個小時後，以海報加口頭方式發表，最後請評審組進行裁判決定哪一組獲勝。」說完後，大家覺得這個提議不錯，會議中開始出現難得一見的笑聲。

第三，設計小組競賽。獎項的設計可以增加趣味感與競爭感，獎項可以選擇神秘禮物，也可以選擇事先公開，只要讓大家有興趣想爭取就可以了。

當天黃總經理補了一句，「獲勝組由我來頒發神秘獎品。」頓時會議氣氛陷入瘋狂，大家在會議室內笑成一團。接著副總又說，「而且，你們兩組互相是競爭對手，你們的好點子對另一組來說，應該是『商業機密』吧！」只見大家刻意放低音量，甚至有一組開始準備另尋會議室討論。Nelson 眼見大家進入狀況，便正式宣布，「一個小時後再見！」

各組便各自帶開了。

第二階段：成果報告並進行歸納收斂

一般來說，小組提案的簡報時間大約十至二十分鐘，為了完整呈現小組的提案，就必須將以下五件事說清楚講明白：

一、說清楚問題在哪裡？

二、說清楚解決方案到底是什麼？

三、說清楚自己的作法跟其他作法的不同點在哪裡？

四、說清楚解決方案如何解決客戶的問題？

五、說清楚要花多少人力或組織資源成本？會帶來多少效益？

另外，主持人可以要求大家在每一組報告後，由評審或另一組提問，為了不讓團隊互相指責，需要規定提問的語法為以下兩種之一：

1. YES+AND

我覺得這個方法很棒，而且我覺得還可以……

2. NO+IF

我覺得這個方法不是很好，如果……做，會不會比較好？

經由這樣的發言要求，團隊不是互相指責，而是互相提建議與互相幫忙。一個小時過後，小組各自回到會議室，此時充滿了神秘氣氛與爭取冠軍的氣勢，兩個小組分別將他們過去一個小時的各種想法收斂成一份方案進行報告，此時可以看出各組透過團隊的力量，如何找到問題和解決方案。

第三階段：共同決策產生共識

為了讓決策得到共識，需要讓大家參與進行評估，以下為方案評估表，內容包括五個評估項目，請將方案列在表格上，透過評估分數進行加總，以得到最終決策。

其中五個評估項目為：

- 效益性：方案是否能有效達到目標產生效益？
- 掌握性：方案是否自主性高，可以自我掌控？

◆困難性：方案是否在技術上或流程上非常複雜？

◆成本：方案是否在人力或資金投入上非常高？

◆風險性：方案是否會對未來產生潛在風險？

事實上，在工作中如果遇到比較複雜的議題或是檢討會，常常聽到許多團隊互相指責，互推責任，身為主管也會面臨無法達到團隊共識的窘境。但是經過上述的三階段引導的方法及過程說明，便能夠成功化解會議的針鋒相對，讓團隊間彼此開誠布公的討論，達成共識並產出解決方案。

「創意方案評估表」範例

評估項目	方案一	方案二	方案三
效益性	3	1	2
掌握性	2	1	3
困難性	3	2	1
成本	3	2	1
風險性	3	1	2
總分	14	7	9
排名	1	3	2

動腦會議三階段引導與操作方法

階段	操作方法
第一階段： 設計遊戲規則創造競賽氛圍	第一，分組 第二，遊戲規則 第三，小組競賽
第二階段： 成果報告並進行歸納收斂	一、說清楚問題在哪裡？ 二、說清楚解決方案到底是什麼？ 三、說清楚我們的作法跟其他作法的不同點在哪裡？ 四、說清楚我們的解決方案如何解決客戶的問題？ 五、清楚我們要花多少人力或組織資源成本？會帶來多少效益？
第三階段： 共同決策產生共識	效益性：方案是否能有效達到目標產生效益？ 掌握性：方案是否自主性高可以自我掌控？ 困難性：方案是否在技術上或流程上非常複雜？ 成本：方案是否在人力或資金投入上非常高？ 風險性：方案是否會對未來產生潛在風險？

功夫老師的真功夫

◆ 有緣與老師共同參加課程當同組同學，老師並不會因為自己已是名師而隨便聽講，反而比我們更認真於課程中的討論，甚至還會運用其創新領導之專長，引導小組回答課程中的問題，讓我們對於領導與管理有更深的認識與體會。高雄榮民總醫院急診科醫師　楊坤仁

◆ 我親眼在商周奇點創新大賽奇勵營看見劉恭甫老師在前一天的課程中觀察敵人（學員）的弱點，當天晚上就連夜製作最新武器（教材），第二天叫敵人一個一個臣服！想發現自己的弱點，找到新武器嗎？找劉恭甫老師就對了！商周奇點創新大賽奇勵營工作小組　張欽祥

◆ 恭甫老師的創新九式，更是以簡馭繁，有系統的打開學員的創新思維。在這指數成長的奇點世代，只有專業認真和創新思維，才有機會打開加薪昇職的康莊大道，這樣的必修課絕不容錯過！商周奇點創新大賽專案負責人　陳弘明

第 6 堂

如何讓最高決策者對你的簡報能力印象深刻？

上簡報技巧課程時，我通常會在課程中安排學員上場演練，有次到某間科技大廠講授簡報課程，特別的是，當天總經理也到現場旁聽。而且在演練開始前就告訴大家，要每個人都實際模擬在公司簡報的情況，他全程都會坐在台下聽。

第一位上場的是 John，John 負責生產管理的工作，公司規定每個月必須向主管做例行報告，說明生產狀況描述問題並提出改善方案，看得出來 John 準備了很多資料，並且在台上照本宣科，但在場的總經理越聽越沒有耐性，便直接打斷他，「你念完了沒？趕快講重點！」嚇得 John 不知所措。

第二位上場的是 Kevin，Kevin 負責市場行銷的工作，熱情有活力，這次簡報是為了下周第一次參加高階會議，他要向主管做例行報告而準備，說明市場分析與行銷重點工作。Kevin 很用心的在簡報一開始，放了一段雁行理論的影片想告訴大家，行銷需要靠全體員工的共同合作才能共贏，在場的總經理看到一半，狠狠地看了 Kevin 一眼說，「你說這些幹什麼？趕快講重點！」

連續兩位簡報者都讓總經理不太滿意，也讓接下來的簡報者繃緊神經認真學習。其實，簡報技巧在職場上可算是一場不公平的競賽，一般來說，當同事的能力不分軒輊時，簡報能力往往是決勝關鍵。

拋開演講花招而需一針見血

記住，這輩子最重要的簡報，絕對是向最高決策者做簡報，也是你職涯最關鍵的機會，因為這些坐在圓桌旁的高階主管，可以左右你在這家公司的未來，如果表現欠佳，輕則提案不過、得不到經費，重則影響你的光明前程。相對的，如果表現亮眼，你的提案不但容易過關，甚至未來獲得晉升的機會也大增！

一般的簡報技巧在平時都是有效的，但到了高層會議簡報，卻可能自毀前程。因為在高度競爭環境與高績效壓力、高挑戰下，能當上CEO等高階主管的人，各個都是該領域與該組織中的佼佼者！

他們通常習慣掌控全局、缺乏耐性，咄咄逼人又令人恐懼。簡單說，他們是一群極度不容易對付的聽眾！

因此對高層簡報必須大幅減少一堆平常演講的花招，而要展現迅速清晰簡潔的資訊，以利進行決策。

你可能聽過或學過許多演講技巧，例如要有令人難忘的開場白、要有力量甚至誇張的手勢、要說故事、要有抑揚頓挫的音調等，這些演講技巧都很好，可是當面對高階主管進行有時間壓力的高層決策會

一般簡報與高層簡報之差異比較

	一般簡報	高層簡報
對象與權力	一般同事，基層主管	高層主管，可以開除你或晉升你
時間與節奏控制	由講者控制	由聽者控制，可任意打斷
開場白	可一步步鋪陳	第一句就是結論
回答問題	大多數為簡報後進行提問	一開始就會提問與進行回答
互動	可能不需要或少量	重視互動

議時，卻極有可能毀了這場簡報，因為這一群聽眾十分特殊，所以簡報內容、表達方式與吸引方式，都要不同於一般的簡報。

到底要如何準備一場針對高階主管會議上的簡報呢？

以五大問題準備高層簡報

請用左頁 OBRAO 架構的表格先進行聚焦思考後，再準備簡報檔案會更有效率。

「高層簡報 OBRAO 架構表」範例

OBRAO 架構	思考點	思考內容
簡報目的（Objective）	簡報結束後，我希望（在場誰）能對我提出的（什麼方案）做出（什麼決議）	簡報結束後，我希望總經理與客戶服務部副總能對我提出的新服務流程提案做出同意啓動的決議。
方案利益（Benefit）	這個提案主要的目的是（什麼方案）可以達成（提高或降低什麼）（量化）的結果	這個提案主要的目的是建立一套服務流程 SOP 以提高 VIP 顧客滿意度 30% 並提高營收 15%。
為什麼要做這件事（欲解決的問題分析）（Reason）	為什麼要做這件事呢？ 原因一： 原因二： 原因三：	為什麼要做這件事呢？ 第一、今年第一季公司客訴件數同比去年由 10 件增加到了 30 件。 第二、VIP 客戶購買金額已經連續四季下滑。 第三、回應客戶速度同比去年由 120 分鐘延長到了 162 分鐘。
解決方案論點（Argument）	對策： 成本效益分析： 證據：	對策：導入新服務流程 成本效益分析：成本 200 萬效益每年 500 萬。 證據：A 公司也採用成效卓著。
決議選項（Option）	兩種選項： 選項一：優缺點 選項二：優缺點 討論與進行決策	在此建議兩種導入選項： 選項一：一次性完整導入，總費用高時間快。 選項二：分兩階段導入，總費用低時間慢。 請總經理與業務部副總進行討論與決策。

◆OBRAO 架構表格說明

簡報目的（Objective）

這是準備簡報時，自我檢視最重要的一句話，也就是希望自己的簡報達成什麼目的，高階主管會議絕大部分都在進行決策，所以（什麼決議）就是會議中要進行什麼決策，而（在場誰）是指與會的高階主管中哪些人是議題相關的利益關係人或決策人。

方案利益（Benefit）

高階主管決策中最關心的是四高三低，如果我們的簡報能連結到四高三低的任何一項甚至多項，就是他們要聽的。

四高：提高顧客滿意度或黏著度、提高效率（或縮短流程）、提高市場占有率、提高利潤或營收。

三低：降低成本、降低風險、降低產品研發或上市時間。

爲什麼要做這件事（欲解決的問題分析；Reason）

這裡要說明我們所看到的問題，並將問題進行分析，分析的結果需要量化，以幫助高階主管了解事實。

解決方案論點（Argument）

高階主管聽到我們所分析的問題之後，心中一定會產生以下至少三點疑惑：「你的解決方案是什麼？」、「公司要投入多少資源產生多少效益？」、「如何證明這個解決方案有效？」

所以，要提出我們看到這些問題之後的解決方案，而且必須準備強而有力的論點說服高階主管，在有限的時間內，成本效益分析與證據可以以最快的速度幫助高階主管解答心中的疑惑，如果時間允許，可以視解決方案的複雜度適度增加更多論點分析。

決議選項（Option）

簡報最後千萬不要只有一個結論，必須多有幾個選項，並且直接指出每個選項的優點與缺點，在簡報中說明缺點，代表你已經認真思考過相關問題，反而會讓你得到更多肯定，因為你已經比高階主管提早點出他們可能有的反對意見，這裡建議最多給三個選項做決策。

每個人面對公司最高決策者，例如董事長或是總經理的時候，難免會緊張害怕，因為這是一次難得的機會，也是職場上最重要的機會之一，必須要好好表現。本文所建議的OBRAO五個重要思考點與準備技巧非常重要，務必要好好練習，下次在董事長面前站上台的時候，絕對是你獲取絕佳表現機會的時候。

功夫老師的真功夫

◆劉老師透過教具輔助與親身實踐，可是讓我一試成主顧，成為他的死忠粉絲！傑報人力資源服務集團 企劃室 賴素玄

◆修練創新的法門，劉恭甫絕對有功夫。凌陽科技車用產品中心協理 林至信

第7堂

如何依照不同個性，有效說服並影響主管與同事？

有一次受客戶邀請參加業績討論會議，在會議休息時間，恰巧看見兩位秘書分別拿著報告來找他們各自的主管討論。

一位秘書拿報告給張副總過目，主管拿到之後翻了一下說，「這報告這麼厚，要讀到什麼時候？你說重點就好。」秘書離開時喃喃自語說，「每次要我改來改去都不看，是想怎樣？」

另一位秘書拿報告給李協理過目，主管拿到之後仔細看過之後說，「這報告做得很仔細，但是你在成本效益分析這一段還需要列得更詳細。」秘書離開時同樣也喃喃自語說，「報告已經這麼厚了還在挑剔，是想怎樣？」

你覺得以上的情景熟悉嗎？

大多數人離職的原因是因為主管，但不可否認，大多數人的升遷與加薪也是因為主管！也許你常常抱怨主管的壞毛病、壞習慣，總希望他能改掉，但是聰明的部屬都知道，面對不同性格的主管，就該用不同的應對方法與他相處！所以讓我們面對現實吧！你真的無法改變主管的個性，但可以思考怎麼做會讓你們每次合作都能輕鬆愉快。

重點是，你知道你的主管是哪一種性格類型嗎？你知道你的同事是哪一種性格類型嗎？

以 DISC 個性分類分辨主管的性格類型

美國心理學家威廉・馬斯頓博士（Dr. William Marston）創建的 DISC 個性分類，是我認為非常容易理解並容易學習不同人類型的方法。這個方法分別依照節奏快、節奏慢、以人為主、以事為主等四個維度，歸類出四種不同的類型：支配型（Dominance）、表現型（Influence）、親切型（Steadiness）和分析型（Conscientious），也就是所謂的 DISC，藉此我們可以了解自己的上司屬於何種類型，並依據該類型喜歡的方式進行溝通。

支配型（D）主管

特色：目標導向，說話快，有行動力，沒耐性，喜歡打斷別人談話，喜歡挑戰，個性積極，敢於創新，有自信，喜歡掌控全局，決策專斷，不輕易妥協，甚至要求部屬馬上辦。

弱點：不易靜下心來傾聽，較無耐性，脾氣比較火爆，容易和人引起摩擦。

表現型（I）主管

特色：熱情洋溢，好交朋友，富有創意，話特別多，樂觀正向，喜歡創造愉快的環境，善於激勵他人，說服力強。

弱點：心直口快，注意力不持久，容易衝動，過於依賴感覺行事。

親切型（S）主管

特色：個性謙虛溫和、脾氣好，善解人意，耐心傾聽，行事不慌不忙，對團隊忠誠度高，重計畫規律，是團隊中穩定的力量。

弱點：太過小心謹慎而猶豫不決，被動，拒絕改變，自信心企圖心不足，避免對立和衝突。

分析型（C）主管

特色：要求細節，邏輯能力非常強，系統化的思考與分析力強，完美主義者，重視品質與細節，深思熟慮，講求事實，思維嚴謹。

弱點：個性保守、過分小心，慢半拍，延遲行動。

當判斷與了解自己與他人的性格特質後，針對不同類型，我們應該要能夠與他們進行步調一致的溝通，才能找出最佳溝通模式。

如何因主管而異，應對與溝通？

支配型（D）主管

溝通時應該要「直接切入重點」，最好能切中問題要點，簡短說明，廢話不用太多，因為講太多細節，他會覺得你浪費他的時間，因此可以直接主動表明自己的建議與需求，請示決策時，應該要給選擇題、不給問答題，最好溝通時能拿出具體進展與成果，因為他們在乎事情的結果與達成效率。

應對方法

1. 請主管裁示時，需要預先預備兩個到三個選擇方案，其中可放進你的偏好選項，引導他做出對你有利的決策。
2. 言談中尊重他，並讓他覺得自己是很好的導師，並偶爾以「師父帶領徒弟」為由，讓他慢慢授權。

3. 為了贏得主管的信任，成果完成時間一定要比他預期的更早、更快。

表現型（I）主管

溝通時應該要多認同他，這類型主管喜歡聽好聽的話、很樂於分享，所以可以跟他天南地北的聊，個性很活潑，要讓他覺得「感覺對了」，只要感覺不對就很難搞，讓他知道你重視他，喜歡歡樂有趣的氣氛，容易感性決策。

應對方法

1. 他們都覺得自己是最棒的，因此最好以徒弟的姿態努力模仿、學習。
2. 他們喜歡有創意的人，所以在簡報上請盡量發揮設計與創意，展現熱情與笑容。
3. 帶著行事曆與記事本去和主管開會，逐條討論並確定做法。提醒主管可能遺漏的事。

親切型（S）主管

溝通時應該要多用同理心的角度關心他，請給予更多的關懷與安全感，重視團隊共識，甚至比較唯命是從，有時在需要做決定時，會比較猶豫不決，建議提案時最好不要改變幅度太大，不然他們很難接受。

應對方法

1. 他們很怕出鋒頭，為自己帶來不必要的麻煩，所以盡量低調行事。
2.「特殊做法」、「規定之外」，是他們最不能接受的事，所以要想辦法在規定內解決問題。
3. 說服時盡量從「為部門好」、「為公司好」方向切入。

分析型（C）主管

溝通時應該要在乎資料的嚴謹程度，講究證據與數據，喜歡實事求是的做事方法，建議多聽再回應，如果要說服他，就要先說服他的邏輯。

應對方法

1. 避免談論私事，尤其在辦公室不要刺探生活或私事。
2. 說服時，建議將每件事以流程方式展開，會讓主管覺得你很有邏輯。
3. 討論時，盡量不要讓他覺得你是突發奇想，而要讓他覺得你有備而來。

簡單的說，我們應該要調整自己與主管的頻率相同，讓彼此溝通更順利。

最後，如果我們已經寫好企劃案，應該如何讓主管更容易點頭呢？針對不同類型的主管，我想以一句話總結，「支配型(D)主管，一頁就好，表現型(I)主管，漂亮就好，親切型(S)主管，實用就好，分析型(C)主管，越厚越好。」希望大家未來跟主管甚至每位同事的每次合作都能輕鬆愉快。

DISC 性格主管類型應對溝通表

節奏快 ↑

支配型（D）主管	表現型（I）主管
特色：目標導向，說話快，有行動力，沒耐性，喜歡打斷別人談話，喜歡挑戰，個性積極，敢於創新，有自信，喜歡掌控全局，決策專斷，不輕易妥協，甚至要求部屬馬上辦。 應對：預備兩個到三個選擇方案，言談中尊重他，比他預期的更早、更快。	特色：熱情洋溢，好交朋友，富有創意，話特別多，樂觀又正向，喜歡創造愉快的環境，善於激勵他人，說服力強。 應對：以徒弟的姿態模仿學習，發揮設計創意展現熱情笑容，逐條討論提醒可能遺漏的事。
分析型（C）主管	**親切型（S）主管**
特色：要求細節，邏輯能力非常強，系統化的思考與分析力強，完艾主義者，重視品質與細節，深思熟慮，講求事實，思維嚴謹。 應對：避免談論私事，以流程與邏輯進行說服，討論時須完整準備勿突發奇想。	特色：個性謙虛、溫和脾氣好，善解人意，耐心傾聽，行事不慌不忙，對團隊忠誠度高，重計畫規律，是團隊中穩定的力量。 應對：盡量低調行事，想辦法在規定內解決問題，說服時從為大家好的方向切入。

← 以事為主　　　以人為主 →

節奏慢 ↓

功夫老師的真功夫

◆兩年前開始，公司內部首屆創新競賽活動配合 Jacky 老師的創新 5 梯的課程展開，期間與 Jacky 老師的頻繁互動，收獲不少！穩懋半導體人力資源處處長　黃齡瑱

◆讀這本書，唯一的條件就是：實際去練習！去做！辦公室放一本，家裡放一本，重複練習，加薪機會就是你的！中國百腦匯上海徐匯店副店總經理　陳逸龍

◆恭甫以 PMM 創新職能幫助合勤科技在品牌價值更上一層樓；一路走來，始終在創新創造這條路上精進自己嘉惠他人。這本書是恭甫老師的心血力作，橫跨整合諸多產業的寶貴經驗，絕對讓讀者收獲滿滿！台灣艾特維股份有限公司 CEO and Co-founder 李椿源

第8堂

如何善用五大流程，搞定跨部門溝通協調？

有一次演講過後，有三位同學向我提出相同的問題，「老師，其實我很內向，不會像很多人一樣活潑外向侃侃而談，在職場上要怎麼能說服別人？」我想，這也是許多職場工作者的困惑。

其實我在職場上看過許多內向不善言詞的人，同樣能整合他人意見、解決團隊質疑、甚至贏得共識，完成非常棒的溝通與團隊合作，所以職場上的溝通協調跟口若懸河、能言善道，不一定畫上等號，反而跟是否有同理心，是否願意幫助他人，是否用心準備等的關聯性更大。

職場上跨部門的溝通，往往不需要你具有口沫橫飛講笑話的能力，有時候可能因此適得其反，其實只要能掌握住一套GEDCC的跨部門溝通流程與五大重點，我相信就算你是內向沉默的人，一樣能在職場上溝通無礙。

什麼是GEDCC跨部門溝通流程？

所謂的GEDCC跨部門溝通流程，就是一套引導式的溝通技巧，目的在引導對方進行雙贏的溝通，這個溝通方法的優點可以讓對方覺得你是站在對方立場進行合作，而不是傳統的下指令或請求的方式要求合作，所以特別適合用於進行跨部門溝通。GEDCC跨部門溝通流程分成五個步驟：

第一步：目標說明GOAL

在溝通初期，這個階段有三件事非常重要。

1. 需要先向對方說明此次討論的目的，讓對方了解此次討論的重要性（對個人與組織的影響）。

2. 讓對方了解接下來討論的程序方法與時間。

3. 以同理心進行換位思考，找出雙方共同的利益。

舉例來說，小張想在內部推動一個業務管理的電腦系統，他若只思考電腦系統對公司有什麼好處，例如「我們今天的討論目的是導入業務管理的電腦系統，這對公司提高效率非常重要。」很可能溝通了半天，最後才發現對方配合得很消極或是沒興趣。如果小張願意從「對方」的角度思考一下，就會了解對方雖然會覺得電腦系統很好，但是自己還要多花很多時間輸入資料而增加工作量。

所以如果改成「我們今天的討論目的是導入業務管理的電腦系統，可以有效提高公司效率，但是你可能會想說需要多花很多時間輸入資料而增加工作量，所以接下來用二十分鐘的時間，我想先聽聽你的想法，然後再一起思考如何減少輸入量又能增加公司效率，你說好嗎？」

所以溝通協調的第一步在於，以「理解對當事人本身能帶來的好處」為溝通主軸，讓雙方都能共同了解這件事本身的價值，對方的抗拒心自然就會變小，更願意嘗試看看。

第二步：探索需求 EXPLORE

在對方了解溝通目的之後，接下來我們要提供一些資料並收集對方資料，引導對方說出他的問題或顧慮，了解對方在不同情境下的需求。

1. 提供分析規畫與背後原因。在職場上，大部分的人都很忙，所以我們應該先讓對方知道我們思考得很詳細，分析過各種狀況，更需要交代清楚規畫的內容以及規畫背後的原因，雙方就比較容易聚焦，也可以加快討論效率。請記住，只有你認真準備，對方才會認真以對！

2. 引導對方說出他的問題或顧慮。如果我們只是希望別人照著自己的方案走，兩邊可能沒有交集，所以我們需要學會引導技巧，讓對方說出他的問題或顧慮，例如「對於要推動這套電腦系統，你有什麼擔憂或顧慮嗎？」或是「對於要推動這套電腦系統，你認為最大的困難是什麼？」

此時傾聽就是一個非常重要的溝通技巧，可以讓對方感受你的專心，拉近距離，覺得被尊重。

3. 了解對方在不同情境下的需求。傾聽的同時，需要非常專注找出對方訊息中的關鍵句，協助你組織資訊，將摘要寫在筆記上，並運用正確的語言回應，告訴對方你正在聽。

例如「喔！我能體會！」代表同理心，「你的意思是說，你希望每天只要五分鐘完成所有資料輸入，是嗎？」代表口頭回顧重點。

第三步：發展方案 DEVELOP

了解對方需求之後，下一步就是尋求雙方的建議與共識，進行討論所需的資源與支持。

1. 尋求雙方的建議與共識。例如我們可以問，「如果我們要輸入十五項資料，可是又有五分鐘的限制，你認為有什麼方法達到？」

對方可能回答，「我們應該要刪除第六項與第八項。」

我們可以繼續問，「你為什麼這樣建議？」、「除了這個方法，還有嗎？」、「我建議我們的解決方法是……」等尋求共識。

2. 討論所需的資源與支持。例如我們可以問，「我們需要什麼資源或說明來執行你的建議？」

我們必須了解溝通協商與解決問題必須要付出代價，我們打算付出什麼代價提供別人什麼價值？你期待對方付出什麼，以得到工作的推進？記住，這永遠是一種交換，也需要雙方長期累積的信任。

第四步：確認共識 CONFIRM

當雙方互相討論與建議之後，下一步就必須要確認共識。

1. 列出行動步驟與計畫，確認如何追蹤進展。例如我們可以問，「那我們要如何落實剛剛所說的這個方案？」將負責人、完成時間、行動內容列下來；例如也可以問，「那我們要如何追蹤進度和成效？」將追蹤人列下來。

2. 達成一致共識，務必取得對方允諾協助，並當場確認期限。例如可以問，「所以如果能在下周一各自將計畫書完成，當天互相確認，取得張副總的同意，我們就可以完成這個任務，對嗎？」以當場確認期限取得對方允諾。

第五步：總結決議 CONCLUSION

確認每一個共識後，我們必須將今天的討論與會議進行總結。

1. 重申結論與重點，並連結目標。例如「我們來總結一下行動方案，第一……第二……第三……。」

2. 加強信心。例如「對於要完成這個任務，經過這次會議之後我很有信心，我們一起加油，謝謝你。」以完成此項溝通協調。

雖然口語魅力對職場溝通會加分，但是達成職場上的溝通協調，讓對方願意與我們合作，只靠口語魅力是不夠的，我們必須充分準備，並以同理心換位思考，了解對方的需求，來爭取對方的支持，只有如此才能在職場上提高溝通的成功率。

成功的人常常是主動先幫對方的人，而不是常期待對方主動幫自己的人。

「GEDCC 跨部門溝通流程表」範例

	目的	例句
目標說明 GOAL	討論的目的 討論的重要性（對個人與組織的影響） 建議進行的程序或方法 換位思考找出共同利益	今天的討論目的是…… 為什麼這件事很重要…… 如果我們能……有什麼好處？ 如果我們不能……有什麼影響？
探索需求 EXPLORE	收集事實、資料情境 問題或顧慮結果	你能不能跟我說明現在／當時的情況？ 你現在／當時在面對這個任務的困難是什麼？ 你現在／當時有什麼擔憂或顧慮？ 您的意思是說……，是嗎？
發展方案 DEVELOP	尋求與分享意見、想法與建議 進行討論所需的資源與支持	你認為解決……困難的方法是什麼？ 除了這個方法，還有嗎？ 你為什麼這樣建議？ 如果我們要……可是又有……限制，有什麼方法達到？ 我們需要什麼資源或說明來執行你的建議？ 針對這個問題，我建議我們的解決方法是……
確認共識 CONFIRM	列出行動步驟與計畫 確認如何追蹤進展 達成一致共識 務必取得對方允諾協助，並當場確認期限	那我們要如何落實剛剛所說的這個方案？ 那我們要如何追蹤進度和成效？ 所以如果能……，就可以解決這個問題。
總結決議 CONCLUSION	重申結論與重點 重申與目標的連結性 加強信心	我們來總結一下行動方案？ 對於要完成這個任務，我很有信心，我們一起加油，謝謝你。

功夫老師的真功夫

◆ Jacky 老師的課程設計和教學活動，讓我印象深刻。短短 10 分鐘，立即學到「創意」和「產品」之間重要的連結性。國立臺中科技大學應用英語系副教授　嚴嘉琪博士

◆ 若是用燒菜來形容，老師不僅說得一口好菜，實際端上桌更是色香味俱全啊。圓展科技高級專員　林俊圻

◆ 這本集結眾人智慧與成功經驗的實戰手冊，讓我們可以免去摸索而有所依賴，甚至可以分享給他人。開發金控凱基證券 業務協理　林惠靜

第二篇

專業不夠，如何能讓別人信服你？

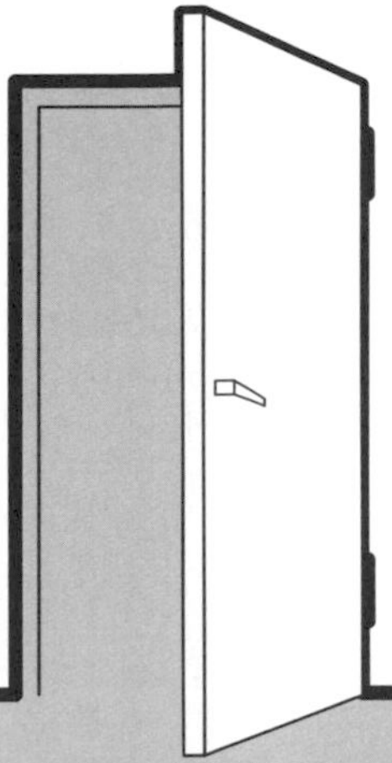

第 9 堂　如何解決公司的疑難雜症，提升解決問題的能力？

第10堂　如何成為主管心中，不可或缺的專案人才？

第11堂　如何在不同時間場合，都能做出又好又吸引人的簡報？

第12堂　如何做好完善的時間管理，讓自己不再忙盲茫？

第13堂　如何有效帶領新人了解工作項目並快速成長？

第14堂　如何有效利用會議時間解決問題並達成共識？

第15堂　如何具備會為主管設想、替公司賺錢的商業頭腦？

第16堂　如何將自己品牌化，成為主管心中不可取代的好人才？

第9堂 如何解決公司的疑難雜症，提升解決問題的能力？

我跟 Jason 在餐廳與幾位好朋友一起聚餐，電視正在播職業籃球比賽的季後賽，大夥正興奮的聊著球賽，只見他的心思卻完全不在這裡。追問原因之後，Jason 告訴我，主管認為他的問題解決能力不夠，而一年前剛進公司與他同職等的另一位同事，雖然在資歷與經驗上沒有 Jason 深，但是問題解決能力比較強，得到了這次的升遷機會。

我不想責怪 Jason，但我跟他說，「換作是我，我也會給能解決問題的員工比較多的升遷機會。」事實上，無論是職場工作者或經營事業，無論在組織中擔任什麼職務，分析問題與解決問題絕對是不可或缺的核心能力之一。

但是，所謂的「問題」到底是什麼？很多人常常自認有解決問題的能力，卻常連問題的核心都沒找到，在這樣的狀況下，主管怎麼可能會認為你有解決問題的能力！

因此，要解決問題，基本功就要先了解問題到底是什麼？為什麼會產生問題？其實問題的本質，就在於預期與現狀產生了落差，也就是計畫與執行產生的落差。例如我們預期某個工作三天可以完成，執行的現狀卻是拖延到第五天才完成。在這樣的狀況下，期待是三天，現狀是五天，產生的落差是兩天，這兩天就是問題的癥結點，「為什麼會晚了兩天才完成？」

那麼，遇到問題時，該如何才能找出問題的癥結點呢？可以依照下面四個步驟，慢慢讓問題的答案浮現出來！

第一步，發現問題與定義問題（DEFINE）

解決問題的原點在於發現問題，應該如何發掘問題的所在呢？平時用下面五個問題問自己，將有助於發現問題。

1. 現狀與預期之間有沒有產生落差？

2. 執行過程有沒有發生什麼變化？

3. 執行過程中，哪個部分進行得不順利？

4. 執行過程中有哪些事情不符合原先計畫的期待？

5. 執行過程中所發生的變化，如果置之不理，是否將發生更嚴重的後果？

當發現問題點，接下來要能夠正確的描述問題，也就是必須能夠為你所面臨的問題，進行合宜的定義。

不過，我們常常會「說」一問

「三段式陳述問題表」範例

步驟	代表含意	舉例
現狀	現在發生的狀況。以 4W2H 表示（誰？哪個？哪裡？什麼時間？多少次？多大量？）例如產品 A 昨天晚上 9 點 12 分至 16 分在產線 B 發生 12%的不良率，產品 A 在昨天發生了兩次。	這個月產品 C 的客訴件數有 106 件，其中品質占 82%，操作問題占 13%，客戶集中在門店 F 與 G，這是連續兩個月產品 C 的客訴件數超過 100 件。
差距	與預期或計畫的差距或比較。例如過去一周產品 A 的平均不良率為 0.03%。	過去六個月的客訴件數平均是 5 件，而上個月與這個月平均為 100 件。
影響	不處理會產生什麼影響。例如這種現象若不改善將降低產品利潤 3%也就是 100 萬的損失。	這種現象若不改善，最後可能會導致顧客滿意度與業績下滑 30%。

題，但是卻「說不清楚」問題，這將導致我們連要解決什麼問題都不清楚，就想要解決問題，當然常會不得其門而入。所以我們應該要先學會把問題「說清楚」，也就是把問題「陳述清楚」。

例如光是以「專案延期了」、「預算超過了」、「部門人手不夠」、「產線效率不好」等簡略的說法，並無法將問題陳述清楚。右頁的「三段式陳述問題表」可以有效幫助大家正確陳述問題，未來可以在部門中的周報，讓每位同事在報告問題時，練習用此方法把問題「說清楚」。

第二步，找出問題發生的真正原因（DISCOVER）

舉例來說，如果你頭痛，緊急的處理方式可能是吃頭痛藥，舒緩疼痛，接著最好還是去做相關檢查分析頭痛的原因，才能對症下藥。如果分析之後，發現原因是腦部病變，解決方式可能是接受手術，如果分析之後，原因是眼鏡度數不合，解決方式可能是配一副新眼鏡。

在工作中同樣如此，如果生產線的產品發生品質不良，緊急的處理方式可能是立即停線，接著必須深入分析品質不良的原因，才能根本解決問題。所以一定要正確分析原因，才能根本解決問題。但該如何進行才能做好正確的分析呢？

一、將問題可能原因進行分類，並基於事實進行分析。

例如員工士氣下滑，可能是人的問題，例如離職人數升高？可能是制度問題，例如公司政策改變？一般而言，公司中常見問題可分為五大分類，就是人員、機器或設備、材料、方法或流程、環境或管理制度。

二、連問五個為什麼？

豐田汽車公司有個方法，當發現問題時，要連問五次為什麼並進行分析。（通常需要五次，但可能是一次就找到，也可能是十次都沒有找到根本原因）。

例如，豐田汽車公司前副社長大野耐一先生有一次在生產線上，發現一台機器因為常常出現停止運轉而維修了好幾次，而且狀況不見好轉。於是大野耐一先生便與現場工人進行了以下的問答：

一問：「為什麼機器停了？」答：「因為超過負荷，保險絲就斷了。」

二問：「為什麼超過負荷呢？」答：「因為軸承的潤滑不夠。」
三問：「為什麼潤滑不夠？」答：「因為潤滑泵吸不上油來。」
四問：「為什麼吸不上油來？」答：「因為油泵軸磨損、鬆動了。」
五問：「為什麼磨損了呢？」答：「因為沒有安裝過濾器，混進了鐵屑等雜質。」

經過連續五次不停地問「為什麼」，豐田總算找到問題的真正原因和解決的方法，就是在油泵軸上安裝過濾器。

如果只問一次為什麼，沒有追根究柢的精神發掘問題，通常只會得到問題表象的答案，就是換根保險絲草草了事，但真正的問題還是沒有解決。

第三步，設定解決問題的具體目標（DEVELOP）

設定團隊可以達成的目標，或是有能力解決的具體目標，是在思考解決問題對策前最重要的一步。具體目標必須包含三種限制，也就是目標範圍限制、目標時間限制，以及目標資源限制。

目標範圍限制，就是設定解決問題的範圍，例如範圍是在解決研發與行銷兩個部門的問題，而不是全公司所有部門，或是將範圍設定在解決研發流程五個階段中測試階段，而不是全部五個階段。

目標時間限制，就是設定要解決問題的完成時間，例如限制在一周內解決，或是一天內解決。

至於目標資源限制，則是要設定解決問題所能運用或投入的資源，也就是要以多少人力或是費用預算來解決問題。

例如，「如何在四月二十日前，以五個人二十萬的行銷預算，提高新產品 A 的業績百分之十五？」就比「如何提高業績百分之十五？」的目標具體，而「如何提高業績百分之十五？」就比「如何提高業績？」的目標具體。

第四步，提出適合的解決對策（DECISION）

如果你有一個很棒的想法可以有效達成目標，例如「設計一個新產品行銷網站」，但若沒有經過完整的思考，便將想法脫口而出，這個很棒的想法很容易在會議上因為你難以回答如何執行等問題，而導致胎死腹中無法實現，非常可惜。

所以要提出問題的解決對策時，可以運用6W3H的完整思考架構，6W3H可以幫助你從九個思考點切入，針對解決方案進行的有系統地拆解，這種方法會讓主管或與會者覺得你是有備而來並經過完整的思考，進而認同你的提案。

以下我以「設計一個新產品行銷網站」的解決對策來達成「如何在四月二十日前，以五個人二十萬的行銷預算，提高新產品A的業績百分之十五？」的目標為例說明：

「6W3H 解決對策思考架構表」範例

思考點	內容含意	舉例
1. 為何（why）	為什麼要解決這個問題？解決方案為什麼要這麼進行？要達到什麼樣的目的？	新產品 A 業績不佳，主要是因為無法快速有效地接觸目標族群。
2. 何事（what）	必須執行哪些工作項目以解決現狀與預期的差距？需要準備些什麼？目標是什麼？	過去我們以傳統店面展示的方法需要經過三個月才能讓目標客戶知道新產品 A 上市，所以我們這次應該設計一個新產品行銷網站，將新產品 A 上市活動以網路方式進行，將可在一個月內讓目標客戶知道新產品 A 上市。
3. 何時（when）	什麼時候開始？什麼時候完成？什麼時間點進行階段檢查？	我們預計在 3 月 1 日至 4 月 15 日推出新產品 A 網路行銷活動，並且每周一進行檢討改進。
4. 何地（where）	在什麼地方執行這項工作較為適當？例如實施地點，通路選擇或是目標市場等。	我們將以四大網路購物通路進行廣告推送，目標族群鎖定網路玩家。
5. 誰（who）	由誰負責執行？由誰協助配合？由誰監督流程與驗收？專案小組成員有哪些人？	以行銷部 Amy 負責此次活動總策劃，產品部協助，共計組成五人的專案團隊。

思考點	內容含意	舉例
6. 為誰（whom）	為了誰而做？發起人是誰？最終用戶是誰？	產品最終用戶鎖定為 18 至 25 歲網路玩家。
7. 如何做（how to do）	如何實施與執行的具體方法？要用到哪些技術和工具？應遵循怎樣的流程？	網路行銷活動將分三階段進行： 第一階段為預告階段：以猜謎活動揭開序幕引起好奇心。 第二階段為搶購活動：以限時限量搶購活動掀起高潮。 第三階段為分享階段：以使用心得分享送禮方式擴大知名度。
8. 多少錢（how much）	預算是多少？投入多少成本（原料、設備）？回收多少效益（利潤、投資報酬率等）？	投入總預算成本為 20 萬，將可提升業績 15%，創造 250 萬的業績。
9. 多少（how many）	投入多少非金錢的成本（人力、外在資源等）？回收多少非金錢的效益（產出數量、服務水準等）？	以五人團隊的人力投入成本，將可創造 30 萬人次點閱率與 150 篇分享文。

問題解決能力常決定你在主管眼中的價值，也是主管最看重部屬的能力。當你碰到問題時，便可運用以上提及的四大步驟提升自己解決問題的能力。

你更可將下方的問題分析與解決對策練習表隨時帶在身邊，平時多加運用和思考問題的分析與解決，一定可以成為問題解決的高手。

4D6W3H 問題分析與解決對策練習表

階段	方法	內容
Define 發現問題與定義問題	現狀 差距 影響	
Discover 找出問題發生的真正原因	問題分類 五個為什麼	
Develop 設定解決問題的具體目標	目標範圍限制 目標時間限制 目標資源限制	
Decision 提出解決對策	1. 為何　2. 何事　3. 何時 4. 何地　5. 誰　6. 為誰 7. 如何做　8. 多少錢 9. 多少	

功夫老師的真功夫

◆書中提及的專案管理、簡報技巧及問題解決等能力，通常需要投入相當多的訓練資源，如果在有這本工具書的協助，一定有如武功高手給您加持五十年功力。國泰世華銀行客服中心訓練組襄理吳家榮

◆恭喜老師出書了，你的書一定可以給新加入職場的年輕人一個正確的指引。台北富邦銀行資深經理林玲憶

◆加薪如果是目的未免太短淺！透過有效的創新設計思維，為企業解決眼前問題，突破現有框架，開放未來視野，洞察趨勢先機才是本書的真正價值！中國珀萊雅化妝品有限公司設計總監／樸象創意整合品牌顧問劉一德

第10堂

如何成為主管心中，不可或缺的專案人才？

有一天我到客戶的公司開會，進行課程執行前的需求聚焦會議，一般來說，客戶會簡要向我們說明對課程的目標與期待，然後雙方針對課程如何執行的過程與方法進行討論。當天客戶方有兩位與會，一位是專案負責人曉鈴，一位是曉鈴的主管張經理，會議進行得非常順利，還提早三十分鐘結束。

會議結束時，我特別大大稱讚曉鈴，「曉鈴，妳剛才的簡報超讚的！我覺得妳跟其他的專案經理真的很不一樣耶！」沒想到，張經理馬上幫腔，「曉鈴是我們公司重要專案的第一把交椅，部門沒有她就完了。」

如何成為公司重要專案的第一把交椅？我發現在這些優秀的專案經理人身上，都有些共同之處，我把它稱為專案管理四大思維。

第一個思維：搞懂來龍去脈思維

公司要導入一個新系統、推動一個新流程，都會成立專案小組以專案的方式執行，一般來說，剛接到專案的人都會有一個類似的情況，就是專案訊息太少，不明不白。

各位可以回想以下這個狀況是否常常發生：主管交代給你的時候都會說，「這個專案對公司來說很重要，這個重責大任就交給你了，有什麼問題可以來問我。」然後主管都很忙，很難一次有很多時間問得很清楚，可是如果每次想到就問，次數太多也會造成主管困擾，很不好意思。

所以，為了以最短的時間了解專案的來龍去脈，我們必須準備一個問題集跟主管或是交付專案給我們的人問清楚，才可以完整的管理專案，運用左頁的 6W2H 專案管理問題集，可以快速先將專案的概略了解一二。

6W2H 專案管理問題集

6W2H	代表含意
What	做什麼專案？目標是什麼？
Whom	專案是為誰而作？發起人是誰？最終用戶是誰？
Who	誰是專案經理？專案小組成員有哪些人？
When	何時可以開始專案活動？專案的主要里程碑在何處？何時作階段審查？何時提交產品或服務？
Where	在哪裡實施？最終產品提交到哪裡？
Why	組織為何要實施該專案？要達到什麼樣的目的？
How much	預算是多少？審批權限的定義？
How to do	如何實施專案？要用到哪些技術和工具？應遵循怎樣的程序？

第二個思維：定義專案目標思維

專案目標是指將專案的三大限制，時程、範圍與資源，進行具體的定義與說明。如果以新版業務管理系統上線專案為例，一般常見的專案目標設定就是，「以最快的時間，最少的資源，將新版業務管理系統上線。」這樣不具體的定義未來將造成許多問題，例如多快完成才算好？資源投入多少才算好？所以為了具體定義專案目標，必須將三大限制進行具體的定義。

一、時程（Schedule）的限制：具體定義專案截止時間，例如在二〇一五年十二月十日前。

二、範圍（Scope）的限制：具體定義要完成什麼系統或什麼流程，並且將完成後的指標具體定義出來，例如完成新版業務管理系統上線，提升業務管理效率百分之三十。

三、資源（Resource）的限制：具體定義要用多少人或多少預算，例如 Allen 為專案經理組成五人專案團隊，以不超過一百二十萬台幣的預算。

如果將以上專案的三大限制以一句話進行目標設定，就會是：

在二〇一五年十二月十日前，Allen 為專案經理組成五人專案團隊，以不超過一百二十萬台幣的預算，完成新版業務管理系統上線，提升業務管理效率百分之三十。

根據以上具體的定義就可以了解，專案達成的目標有三點：第一，在二〇一五年十二月十日前完成；第二，不超過一百二十萬台幣的預算；第三，提升業務管理效率百分之三十。一旦有具體的目標，大家就會有一樣的期待與方向。

第三個思維：抓出重點思維

專案負責人每天有很多瑣碎的事，但若不清楚重點在哪裡、不懂抓大放小，專案就會永遠做不完，更可能忙得要命還做不好。

到底什麼是專案重點？以下表格整理出四個重點，而這四個重點分別有四個目的：

第一，需求與問題：確定專案必須要解決哪些問題，例如新版業務管理系統最重要的問題，就是沒有統一格式與紀錄，所以重點就是把統一格式與紀錄的問題解決。

第二，階段可交付成果：確定重要時間點與產出不能延誤，例如二〇一五年六月十日要把需求規格完成，並提前思考可能會延誤的風險與原因，同時思考如果延誤的應急策略。

第三，利益關係人：確定獲得重要利益關係人的支持，例如張副總最在意登錄表格的設計，我們務必確認張副總的認同與支持。

第四，專案核心團隊：確定專案核心團隊的分工運作，我們務必把核心團隊每個人的分工定義清楚。

「專案四大重點管理表」範例

項目	說明	範例
需求與問題	客戶／我們面臨什麼問題？ 客戶／我們為什麼要解決這個問題？	30 位業務人員的客戶拜訪與業務進度並沒有統一格式與紀錄，以至於無法有效管理，所以需要設計一套業務管理系統。
階段可交付成果	每個關鍵時間點的重要產出，交出的成果必須符合客戶期待	2015/6/10：需求規格完成 2015/9/15：內部測試 2015/12/10：正式上線
利益關係人	利益關係人： 需求： 如何獲得支持之策略：	利益關係人：張副總 需求：業務活動都要登錄在系統中，不能花費每位業務太多時間。 如何獲得支持之策略：登錄表格需要與張副總確認過。
專案核心團隊	通常是三層架構，由上而下為：專案發起人、專案經理與工作團隊	專案發起人：張副總 專案經理：Allen 核心團隊：May, Charles, Alex, Bob

第四個思維：以專案儀表板管理變動思維

變動本來就是專案的一部分，專案執行過程中可能會產生許多變動，可能來自客戶的需求變動，可能來自我們內部流程的變動，所以專案不可能不會變動，因此我們必須能夠管理變動，可是變動來自各個方面要怎麼管最有效呢？

簡單來說，就是管理與目標相關的關鍵變動，由於專案目標已經定義好，接下來便透過「專案儀表板」，進行管理與目標相關的變動管理。當變動發生時，我們必須明確掌握每次變動對目標所造成的影響，這才是一個專案能夠成功的關鍵。

什麼是專案儀表板呢？開車的朋友都知道駕駛座前方有個儀表板，可以看到車速，如果快沒油了，可以看到油量警示燈亮起，管理專案也是這樣，透過「專案儀表板」，讓團隊以最快的方式了解整個專案的進行狀態。

「專案儀表板」範例

專案目標	在 2015 年 12 月 10 日前，Allen 為專案經理組成五人專案團隊，以不超過 120 萬的預算，完成新版業務管理系統上線，提升業務管理效率 30%。

專案指標	狀態	問題說明	改善對策
範圍	（沒問題）		
時程	（開始出現延誤）	需求調查延誤 5 天完成	下個任務增加兩個人力可縮短 5 天
資源	（嚴重落後）	需求調查完成後發現與原需求相差甚大	需增加專案團隊人力為 10 人，預算預計增加為 160 萬

執行重點	
已完成成果	目前已經完成哪些成果
進行中	目前正在進行哪些工作
目前遇到的困難	目前遇到哪些困難以致無法順利進行
下一步	未來有哪些工作重點

◆專業儀表板項目說明

「專案儀表板」要每周更新一次，分成三大部分，第一部分是專案目標設定，第二部分是專案指標狀態，第三部分是專案執行重點。

1. 第一部分專案目標設定：將前面第二個思維所定義的目標填入此表。

2. 第二部分專案指標狀態：將專案三大限制的指標，以不同標示進行警示管理。例如以綠燈代表沒問題，黃燈代表開始出現延誤，紅燈代表嚴重落後。「出現延誤」和「嚴重落後」需要填入右方的「問題說明」與「改善對策」。前面提到的變動必須與專案目標連結就是指這裡，任何變動都必須思考是否對指標產生影響，換句話說，任何會對指標產生延誤或落後的變動都是大變動，必須仔細規畫與評估。

3. 第三部分專案執行重點：將專案的過去（已完成成果）、現在（進行中、目前遇到的困難）、未來（下一步）進行重點說明。

專案管理就是在專案活動中，專案經理運用專門的知識、技能、工具和方法，使專案能夠實現或超越利益關係人的需要和期望。大家若能具備以上四個思維把專案管理好，就不會辛苦又沒效益，當職場上的每件關鍵工作都能夠以專案管理的思維進行管理，更能夠做到預算不超支、時程不拖延，一次就交出高品質的成果！

功夫老師的真功夫

◆上完功夫老師的課後竟然有一種相見恨晚的感覺，怎麼我沒有早一點遇到老師並向他學習呢！工業技術研究院 綠能與環境研究所企業服務推動室經理 廖榮皇

第11堂 如何在不同時間場合，都能做出又好又吸引人的簡報？

以前還算職場新手時，有一次被公司派到歐洲，任務是在六周內，到八個國家做一系列的產品介紹與市場開發的簡報。

第一場簡報便是針對經銷商舉辦產品發表會，在會中，我善盡職責地準備了「豐富」的資料，就像老師在趕課一樣，一個小時內，很賣力地把超過一百八十頁的心血結晶「念」完，生怕寶貴的產品內涵沒有被完整地傳達給客戶，且非常認真在「看螢幕」，而不是「看觀眾」。

當時，我其實嚴重地犯了做簡報的三個大忌諱：第一，資料太多；第二，屁股對著觀眾；第三，「念」簡報。當簡報結束時，代理商當面指責我，「你的簡報怎麼做得那麼爛！」

猛烈的一記當頭棒喝，把我的心情完全打入谷底。當大家都去用餐時，我一個人踱步到戶外，坐在冰冷的大石頭上，腦中空白的坐了半個小時，完全忘了自己沒穿大衣還坐在攝氏零下五度的室外，其實當時我的心比天氣還要冷！

結束這一段刻骨銘心的歐洲行，回到台灣之後，我開始努力鑽研與練習如何做好簡報，到了隔年參加德國漢諾威展覽，展前演練時，八個產品事業部輪流上場，結束後，當時的業務副總說，他只聽得懂我的簡報說明，代表經銷商也應該聽得懂，讓我頓時很有成就感。

於是飛到德國的一路上，我把 PPT 與英文講稿列印下來沿路背，飛機上背，走路也背，一直模擬許多突發狀況應該如何因應，果然在經銷商大會的簡報中，獲得熱烈的掌聲，贏得滿堂彩。

在那次的簡報出差之旅中，我便一直在思考有沒有一套「簡報的 SOP」（標準操作流程）可以把每一場簡報做得精采又準確！十幾年的經驗累積，總算讓我統整出一套流程，接下來就分享我的簡報 SOP 葵花寶典！

開場四大技巧吸引聽衆的注意力

首先，簡報進行方式大致可分成三階段：開場、主題、結尾，在開場一分鐘內，就決定聽眾會不會聽，以下四個方法絕對可以吸引聽眾注意。

引用資料

開場時，善於引用以下資料，喚起聽眾對主題的共識，是一個非常安全的開場方法。

◆引用知名人物。例如：

彼得・杜拉克說，「企業的兩大生產性功能是行銷和創新。」所以今天的簡報，我要提出一項革命性的創新技術方案。

◆引用知名媒體。例如：

《商業周刊》一三九四期提出下一波大商機，「超獨居社會來了！」所以今天的簡報，我要提出如何鎖定新的目標族群，也就是獨居族群而產生的商機。

◆引用知名研究報告或趨勢分析。例如：

二〇一五年米蘭世博環繞著「餵養地球，生命的能量」（Feeding the planet, energy for life）的主題，全球一百六十個國家與組織同場競技，展示如何利用科技從食物生產到廚餘桶，發揮創意解決食品安全、糧食供給、永續農業等問題。所以今天的簡報，我要提出我們公司如何運用各種最新食品農業科技，整合成明年度的產品解決方案。

自問自答拋出問題

以自問自答拋出問題開場，引起聽眾的好奇心，帶著聽眾一起尋找答案，是一個很有效的開場方法。例如：

我今天要提出新服務流程的方案，各位可能心裡會想，現有服務流程不好嗎？為什麼要有新的服務流程？新流程可以解決什麼問題？接下來五分鐘，我要為各位分析現有流程的問題，以及新流程的解決方案。這個提案主要的目的是建立一套服務流程SOP，以提高VIP顧客滿意度百分之三十，並提高營收百分之十五。

故事案例

以實際案例的說明，強調這是個危機或重要事件，以喚醒聽眾對我們所要提出的議題的重視。例如：

我今天要提出新服務流程的方案，在今天的議題開始之前，我想要給各位看一封客戶的來信，從螢幕上我們可以看出，這個客戶是支持我們長達十年的忠誠客戶，但是因為最近兩年我們所發生的種種問題，客戶決定另尋合作夥伴。在上一季，這樣的案例至少發生三個，請問未來我們還能承受多少次忠誠客戶的流失？接下來這個提案主要的目的是建立一套服務流程SOP，以提高VIP顧客滿意度百分之三十，並提高營收百分之十五。

互動體驗

以引導聽眾舉手或問答的方式參與現場互動，讓聽眾體驗或了解我們所要講的主題，這是一種很大膽又令人印象深刻的方法。例如：

在今天簡報之前，我想先問各位幾個問題：

「請問，你的車上有安裝行車紀錄器的舉手？」

（聽眾舉手）好，現場大約有五成，謝謝。

再請問剛才舉手的，「你的行車紀錄器是一年內安裝的舉手？」

（聽眾舉手）好，現場大約有三成，謝謝。

各位，我只是現場隨機做了一個調查，你們告訴我一個結果，行車紀錄器還有五成的市場未開發，而且超過六成都是近一年才買的，顯示這是一塊非常大的市場。

所以今天的簡報，我要提出如何六個月內，提升我們公司行車紀錄器業績百分之三十的計畫。

簡報主體的五大要項

主要是將論點陳述轉換成簡報的呈現，並以非常有邏輯的順序展開，一層一層幫助聽眾了解我們看到的問題與原因分析，再提出解決方案的論述。以下五個方法可以有效幫助你準備簡報，並讓聽眾一目了然、了解你的邏輯與論點。

統計數據

將論點以統計圖表的方式呈現，並進行「由全局到細節」的重點說明。例如，我們要進行第三季歐洲地區業績簡報，我們可以先以歐洲地區的總圖帶大家了解第三季業績的全貌，再到細節的重點說明，例如業績最好的前三名分別在哪裡，業績最差的在哪裡，業績進步的在哪裡，業績退步的在哪裡……等的關鍵細節說明。

流程順序

將論點以流程圖表的方式呈現，並進行「由總流程到各階段」的重點說明。例如，我們要進行新服務流程的簡報，可先以新服務流程的全圖帶大家了解新流程的全貌，再到各階段的重點說明，例如第一階段的重點有哪些，第二階段的重點有哪些……等的關鍵細節說明。

問題解決

將論點以「問題說明、問題分析到問題解決」的邏輯順序重點說明。例如，我們要進行新服務流程的簡報，我們可以先提出現行服務流程所出現的問題，接下來說明問題發生的原因分析，再針對原因提出解決對策。

比較對比

將論點以圖表的方式對比並重點說明。例如，進行新服務流程的簡報，可以比較現行服務流程與我們所要提出的新服務流程，在流程差異點、資源投入差異點、客戶體驗差異點、服務效率差異點等方面進行比較。

案例研究

將論點以「成功案例背景、成功經驗分析到改善建議」的邏輯順序，進行重點說明。例如要進行新服務流程的簡報，我們可以先提出值得學習的某家公司或某個成功案例的輝煌成果，再針對這個案例進行成功經驗的分析，最後提出應該如何改善、如何見賢思齊的行動計畫。

結尾三大秘訣

主要是將簡報進行「你希望聽眾聽完簡報後要做什麼」的成果展現。基本上，可以有下面幾個段落。

回顧今日重點

如果你希望聽眾聽完簡報後要「記住簡報重點」，請幫助聽眾以最簡單、最容易記住的方式進行回顧。通常是列出三項重點，例如以本文章為例，「簡報的SOP」（標準操作流程）分成三階段：開場四大技巧、主題五大邏輯、結尾三大秘訣。

提出行動計畫

如果你希望聽眾聽完簡報後要「進行決策與行動」，請幫助聽眾進行決策選擇，以兩個方案或三個選項，讓聽眾現場討論或進行決定，才能產生效果。

說個發人深省的故事

如果你希望聽眾聽完簡報後要「打從心裡產生共鳴或改變」，請說個激勵人心的故事或是自己的故事，以感性的方式結尾，往往能產生共鳴。

簡報是一場不公平的競爭。因為，大家並不知道你平時工作

簡報的標準操作流程（SOP）準備表

階段	簡報技巧	簡報內容
開場	□引用資料 □自問自答 □故事案例 □互動體驗	
主題	□統計數據 □流程順序 □問題解決 □比較對比 □案例研究	
結尾	□回顧今日重點 □提出行動計畫 □說個發人深省的故事	

多努力，但是大家都目睹了你的五分鐘簡報。如果簡報做得好，主管對你大大加分。

在職場上，每天都有大大小小的簡報不斷在上演，只要遵循「簡報的SOP」（標準操作流程）的三大階段：開場四大技巧、主題五大邏輯、結尾三大秘訣，我相信你在職場上將會為自己爭取到更多機會。

功夫老師的真功夫

◆目前創業小成，功夫老師那猶如醍醐灌頂般的建議，絕對是成功的要件之一 La Play 樂玩親子空間 × 輕食（兆伊文創國際事業有限公司）

負責人 歐行中

第12堂

如何做好完善的時間管理，讓自己不再忙盲茫？

有天在課程午餐時間，一位演講承辦人員問我，「老師，您認為一個人最後的成敗關鍵到底是什麼？」以十幾年來的職場觀察，我回答「執行力」。

承辦人員表示，「可是，老師，我覺得大家都很努力，執行力也很高，可是成功的人還是很少耶！」我笑了一下說，「成功的路上並不擁擠，因為堅持的人不多！」執行力到底是什麼？以專案管理的角度來說，就是把工作做到「如期、如質、如預算」，其中最關鍵的，就是每個人的「時間管理」。

時間管理就是自我管理，也就是讓自己能夠把工作很快又很正確完成的能力，所以時間管理決定一個人的價值。在時間管理上，有三種小偷會不經意地偷走你的時間。第一種是拖延，第二種是優先順序不對，第三種是凡事答應，有求必應。

怎麼趕走時間小偷呢？其實時間管理就像金錢管理，金錢需要記錄才能分析花費，時間也需要記錄，才能分析拖延元凶，找到時間小偷。建議大家以「時間管理周計畫表」進行一周的時間管理，才能

時間管理周計畫表

時間	時間管理計畫檢核	改善計畫
周一	□上班第一件事：列出本周工作全貌 □上班第二件事：寄本周工作全貌給主管 □上班第三件事：列出今日工作全貌 □上班第四件事：決定今日輕重緩急 □下班前最後一件事：找出拖延元凶	拖延元凶： 改善方法：
周二	□上班第一件事：列出今日工作全貌 □上班第二件事：決定今日輕重緩急 □下班前最後一件事：找出拖延元凶	拖延元凶： 改善方法：
周三	□上班第一件事：列出今日工作全貌 □上班第二件事：決定今日輕重緩急 □下班前最後一件事：找出拖延元凶	拖延元凶： 改善方法：
周四	□上班第一件事：列出今日工作全貌 □上班第二件事：決定今日輕重緩急 □下班前最後一件事：找出拖延元凶	拖延元凶： 改善方法：
周五	□上班第一件事：列出今日工作全貌 □上班第二件事：決定今日輕重緩急 □下班前最後一件事：找出拖延元凶 □本周下班前最後一件事：寄本周工作成果給主管	拖延元凶： 改善方法：

找出如何自我改善的計畫。

要如何運用「時間管理周計畫表」進行時間管理，並找出自我改善的計畫？我們應該要以「周」為單位管理主管，並且以「天」為單位管理自己。

以「周」爲單位管理主管

時間管理除了自我管理，也必須進行向上管理。到底工作進度要多久向主管回報呢？除非主管要求每天回報，否則一般狀況下，每天回報的次數太多，而一個月回報一次又太久，所以一周是剛好的。

到底如何以「周」為單位，向主管回報自己的工作進度呢？建議每周向主管發出兩封關鍵信以進行向上管理。

每周上班第一件事，先看「本周的工作全貌」，列出本周的重點工作項目，然後寄出第一封關鍵信給主管，簡單概要地告訴主管「我本周計畫要做哪些工作」。為了幫助主管將郵件歸檔，建議將郵件標題設為「〇〇〇（名字）二〇一五年第二十周工作計畫」。

如果上班時間是九點，則建議九點整定時準時發送。所以練習讓自己「早十分鐘進公司」，那麼從當天開始，你就會慢慢不一樣。

到了每周最後一天的下班前，記得最後一件事，必須要檢視「本周的工作完成全貌」，寄出第二封關鍵信給主管，概要說明「我本周已完成的重點工作項目」，為了幫助主管將郵件歸檔，建議郵件標題為「○○○（名字）二○一五年第二十周工作成果」。建議下班前半小時發送，如果下班時間是五點，則建議四點半定時準時發送。

以「天」爲單位管理自己

決定能不能準時下班的人，是你自己，不是主管，所以每天上班必做三件事：看全貌、定順序、查拖延。

第一件事：先看「今天的工作全貌」

上班的第一件事，決定你幾點下班，所以列出今天計畫進行的項目，並貼在自己座位上最醒目的地方，以檢核表（Checklist）的方式，完成的就劃掉。

第二件事：決定輕重緩急的做事順序

每一天都有許多性質不同的工作等著處理，凡事先想清楚「怎麼做比較有效率」，而不是「凡事照著次序做」。決定做事的優先順序非常重要，因為安排方式若不適當，做事就會事倍功半，對工作效率產生重大影響。

大多數的人決定優先順序常常犯以下四種錯誤：

1. 喜歡做的先做，不喜歡做的後做。
2. 懂的先做，不懂的後做。
3. 簡單的先做，難的後做。
4. 先發生的先做，後發生的後做。

到底怎麼樣才能正確決定做事的優先順序呢?首先必須將所有工作以重要性與緊急性進行分類，分別填入四個象限的時間管理矩陣，分別是重要緊急、重要不緊急、緊急不重要，和不重要不緊急。

時間管理四大象限表

	重要	不重要
緊急	1. 遇到立刻處理。 2. 處理完畢要檢討原因。 例如生產停擺、安全事故、顧客抱怨等。	1. 平時預留時間彈性。 2. 尋求替代方案進行。 3. 學會拒絕。 例如臨時無謂會議、臨時不速之客來訪。
不緊急	1. 平常就做一點。 2. 設定目標並做計畫。 3. 化整為零的碎片化「零用時間」管理。 例如下一季的重要計畫、工作技能之提升、重要問題之調查分析。	1. 勇於拒絕。 2. 不要沉迷。 例如無謂的交際應酬、個人嗜好的沉迷。

重要性的判斷基準為，產生的效益越大越重要，如營業額、利潤成本、人數等。緊急性的判斷基準則是，截止日越近的越優先，如完工日、交貨期、工期等。優先次序就是：第一為重要緊急，第二為重要不緊急，第三為緊急不重要，第四為不重要不緊急。實際上，很少有事情是絕對的重要、不重要，或絕對的緊急、不緊急，所以這個規則是相對的，也就是將兩件工作相比，相對重要或是相對不重要。

大家都知道「重要緊急」的事情要先做，「不重要也不緊急」的事情擺在最後，但卻常把「重要不緊急」和「緊急不重要」的處理順序搞錯。

就像臨時打來的電話，雖然看起來很緊急，有時卻相對不重要，這種「緊急不重要」的事，有時就算都不管它，可能也會隨著時間自然消失。

但是，「重要不緊急」的工作應該放在第二順位。如果一直不處理，就會升級成為重要且緊急的事，且會越積越多，造成今天的重要事情不做，明天就變成緊急事。時間管理的技巧，就在於善於安排優先順序並按表操課。

第三件事：找出拖延時間的元凶

每天下班前，將今天早上列出的所有事項檢查一遍，將「比預期處理時間長」與「沒有完成」的事項進行分析，找出為何會拖延的原因，想辦法在明天或是下一次進行改善。

通常，拖延的元兇是被突如其來的許多瑣事牽絆住。這些瑣事包含電話干擾、不速之客，以及過多冗長及不必要的會議，所以我們必須懂得如何拒絕瑣事，便能騰出很多時間專注在重要的事情上。不得說「不」的人，永遠別想成功。

不過，不是什麼事情都說「不」，而是當我們發現突如其來的任務出現以下三種情況時，我們應該說「不」。第一，目標不明確的任務；第二，結果不清楚的任務；第三，完成時間不清楚的任務。

除了任務之外，我們也必須花點時間思考一下，到底是誰打亂你的工作步調？請減少跟浪費你時間的人一起工作。

時間管理的品質，決定了我們每一天工作中所能產生的價值，建議讀者開始以「周」為單位管理主管，以「天」為單位管理自己，每天上班必做三件事：看全貌、定順序、查拖延，以「時間管理周計畫表」連續進行四周的時間管理練習，找出自己的節奏與步調，才能找出自我改善的計畫。學會停下一切，靜心思考，找出重點再出發，才能脫離忙盲茫！讓我們每個人都能成為時間管理達人。

功夫老師的真功夫

◆態度決定高度，改變態度就能翻轉人生。仁寶電腦資訊本部工程師　呂禮有

第13堂 如何有效帶領新人了解工作項目並快速成長？

每次課程結束後，我通常習慣整理一下再走，有一次我同樣在整理東西，有一位學員刻意等大家都離開後，到教室前面來找我，於是我就放下東西請他坐下來聊一下。他跟我說，「我一定被主管盯上了？我覺得自己沒有犯錯啊，為什麼最近主管把什麼工作都丟給我，還要我帶新人。我已經天天加班事情都做不完了，哪有時間帶新人！而且之前還有一位新來的菜鳥，明明什麼都不會，又死鴨子嘴硬什麼都不問，有一次開了天窗出了大問題，主管還要我去想辦法解決，我每天光是幫菜鳥擦屁股、解決問題，就什麼事都不用做了。」

聽到這裡，我反而很替這位同學高興，而這位同學對我臉上的微笑產生疑惑，「老師，您為什麼要笑？」我說，「其實你的能力已經被主管看見了，主管也很信任把新人交給你，你應該高興才對啊！」

主管要你帶新人時，其實是在測試並訓練你能不能承擔更高職位所需要的責任，同時也幫助你築起一步步往上爬的契機。所以，帶新人是被主管器重也是升職的契機點。那麼要如何才能把新人帶好，讓他成為得力的幫手，並讓主管了解你所花費的努力呢？

帶領新人的三大策略

先見林再見樹

每個工作的內容常常很複雜說不清楚，所以很多人會有不知從何教起的問題。此時我建議至少要把握一個原則，也就是「先見林再見樹」的原則，就是先講整體，再講細節。千萬不要一下講東、一下講西，這樣不但說不清楚，對方也會聽不明白。

在向新人說明之前，應該先把整個工作內容進行整理與歸納，分成三至五個大類，讓新人大致了解後，才開始針對每一大類分段進行細部說明，進而讓新人實際操作一次。

例如，你可以說，「我們公司的出貨流程主要分成四個階段，一是出貨計畫，二是出貨生產，三是出貨檢驗，四是出貨配送。我今天先帶你熟悉出貨計畫的流程……」

工作教導

工作教導，也就是在工作現場或者與工作現場相似的環境中，對員工進行針對性培訓的一個過程，簡稱為ＯＪＴ（On the Jog Training），有三大重要步驟：

◆我說給你聽

這個階段主要目的是讓新人了解工作主題與重要性，除了整體概念與流程說明外，遇到專業術語、關鍵流程名稱或重要觀念，都必須要求新人寫下來，透過抄寫動作加強印象。

要讓新進員工一下子記住所有瑣碎的事情是強人所難，因此要按照輕重緩急的順序，從簡單的開始說起，進入狀態後再說複雜的工作內容，而且在說的同時，要讓新人產生學習興趣。

◆我做給你看

這個階段主要目的是實際示範每個步驟與動作，教導的過程中不要忘了三個原則：

1. 將每個大步驟拆解成容易學習的小步驟。
2. 特別需要注意的步驟要多做幾次或慢一點。
3. 容易出錯的步驟要求新人記下來。

◆讓你做做看

這個階段主要目的是實際讓新人自己做做看。操作是一件非常重要的事，如果只是讓新人用耳朵去聽，用眼睛去看，很難讓他們進入工作狀態。最快速的方法就是放手讓新人實際操作。從演練的過程當中，驗收前兩個階段的理解與吸收程度，焦點放在重要觀念、重要步驟與容易出錯步驟等三個地方。

成效追蹤

◆多鼓勵、多耐心

新人由於是第一次做，無法像你一樣熟練，也可能會出錯，請保持耐心，多一點關心與耐心。其實新人心裡感覺不安的程度，遠遠超過你的想像。因此隨時隨地表現出對他們的關心，可以建立較深的工作感情。例如上班時間適時地打招呼，工作上不要吝嗇給予鼓勵的聲音，在新人有事找你商量時，態度要親切，這些多少都會減輕新進人員的不安。

◆指正與協助

指正新人，我建議用「三明治回饋法」，也就是指正回饋時，像三明治一樣分三個層次。

1. 先說優點，「你做得不錯。」
2. 再說缺點，「可是在第二部分有點問題……」
3. 再說正面建議，「我建議你……」

◆判斷學習成效

要知道新人學習了多少，有幾個方向可以判斷，如口頭問答、筆試、親自驗收、執行追蹤等方式。

從教一個人到教一群人，標準化是關鍵

教一個人或許可以想到哪教到哪，但是教一群人就不允許這樣做了，應該制定ＯＪＴ計畫，確定標準化的工作培訓內容，設計ＯＪＴ課程方案，讓所有流程清晰化，由簡到難循序漸進。

在職場上打拚努力的過程中，每個人都受到許多前輩有形或無形的幫助，才得以脫胎換骨發揮專長。當經驗與技術成長到一個階段，我們就可能會成為新人的前輩，這是一個被主管看見與被信任，並往上一層的好機會。

然而，會做不代表會教，應該要怎麼做才能讓新人真的可以學到東西？你可以藉由「帶領新人計畫表」，讓帶領新人的教育訓練計畫更有系統。

帶領新人計畫表

策略	操作方法	操作內容
先見林再見樹	把整個工作內容進行整理與歸納	階段一與工作步驟： 階段二與工作步驟： 階段三與工作步驟：
工作教導	1. 我說給你聽 2. 我做給你看 3. 讓你做做看	如何說明： 如何示範： 如何讓新人演練：
成效追蹤	1. 多鼓勵多耐心 2. 指正與協助 3. 判斷學習成效	優點： 缺點： 正面建議：

功夫老師的真功夫

◆在商周奇點創新大賽，親眼見到老師快速切中核心的講評，真是佩服不己。臺北醫學大學醫學系副教授　林佑穗

◆想在職場上繼續發光發熱，一定要來親炙一下（被電、充電）老師的課程！統一企業公司教育訓練中心　周頻伶

◆將近一季的業務課程分享，統一證券在從無到有的業務推廣上有了突破性的進步，感恩有您！統一綜合證券股份有限公司經紀部經理　黃增惠

◆強力推薦恭甫學長這本新書！針對職場升遷及個人能力如此細膩的研究，您是老闆必看，您是員工必讀，您的人生必定精彩！台灣EMBA聯盟召集人、政大EMBA102　湯崇珠

第14堂

如何有效利用會議時間解決問題並達成共識？

大部分會議都有兩個重要目的：「解決問題」導向與「推動進度」導向，為了不浪費大家的時間，必須讓會議有效率地進行並達成設定的目標，但是應該如何開會才能更有效率呢？

第一步：具體設定會議目標

大多數的會議通知只有會議名稱而沒有會議目標，這意味著大家來開會時，都不知道這個會議想要達成什麼目標，這是非常可怕的事。

設定會議目標應該要把開會的目標，以一段話精確陳述這次開會希望獲得的結論，包括要解決的關鍵議題是什麼？達成這個會議的目標是什麼？這段精確陳述的話叫做「會議目標陳述」，可以幫助我們明確「會議目標」，以及找出會議要解決的核心問題。

所以，好的「會議目標陳述」應該如下的例子：

這是一場提升新產品 A 銷售量會議（會議名稱必須簡單明瞭），結束之後，我們希望業務部門陳協理與產品部門李副總（對象最好指名道姓，而不是模糊統稱）能對如何提高銷售業績（要有一個具體清晰的主題），以及如何達成第三季業績目標一千萬（什麼目標：必須是量化可衡量，而非模糊的字眼）提出決策與共識，而達成此目標必須討論的三大關鍵議題與參與會議者如下。

第二步：決定關鍵議題

決定關鍵議題時，必須先思考以下針對開會的 5W2H 問題。

舉例來說，如果主題是「提高銷售業績」，關鍵議題可能有「如何增加新客戶」、「如何增加通路」、「如何規畫行銷活動」，而「如何增加新客戶」又由誰負責主持？需要準備哪些資料？最好能在會前設定好關鍵議題負責人與準備事項。

同時，在會前針對關鍵議題進行任務分配，讓每個與會者在會前就知道自己負責主導或參與哪一段討論？解決哪個問題？需要多長時間？這些過程都將非常有助於會議的有效進行。

決定關鍵議題的 5W2H

5W2H	含意
What	關鍵議題有哪些？
Why	為何要討論這些關鍵議題？每個關鍵議題的目的是什麼？
Who	誰是會議主持人？每個關鍵議題的會議成員有哪些人？
When	何時開會？開會時間多長可以完成共識？開會時間多長可以產出結果與行動？
Where	在哪裡開會？
How much	如果要租借場地要花多少預算？發生的成本與負擔歸屬？
How	關鍵議題如何進行？要用到哪些方法和工具？應遵循怎樣的流程？

第三步：發送開會通知表

將第一步與第二步所設定的內容做成開會通知表，在會前進行發送。

第四步：進行有效率的會議

召開會議的負責人必須確實執行以下五個原則：

原則一：不論是否到齊，準時開會

延後開會是對準時到場同事的懲罰，所以務必準時開會。可能你會問，

開會通知表範例

會議目標陳述	這是一場（什麼）會議，結束之後，我們希望（什麼人）能對（什麼主題）達成（什麼目標）的決策與共識，而達成此目標必須討論的三大關鍵議題與參與會議者如下：	
關鍵議題	議題主導者	準備事項
1.		
2.		
3.		
會議紀錄		
會後行動	（負責人）（完成時間）（行動內容）（追蹤人）	

如果重要人士還沒到怎麼辦？我則必須反問你，如果你是會議召集人，而這個人又這麼重要，你怎麼會讓他遲到呢？是否應該提前確認他的到場狀況，以做及時的因應動作？

原則二：一開始先說明會議安排

這可讓與會者快速進入狀況，千萬不要認為大家應該都知道這個會議的目的，然後不先說明便直接開始！

原則三：首先追蹤上次決議事項

如果這個會議是承接上次會議，必須先追蹤上次會議的結論或狀況，讓大家有承先啟後的狀態。

原則四：依關鍵議題次序討論議題並嚴格遵守設定時間

每個議題開始討論前，必須告訴大家這個議題設定的討論時間，時間快到前，必須提醒與會者準備進入結論。

原則五：分配決議事項負責人

每個議題結束必須有決議，每個決議必須有負責人，而且現場必須進行分配才有效力。

第五步：進行會議記錄

會議記錄不是流水帳，而是重點記錄，針對每個議題，必須記錄以下重點：

- ◆議題時程狀況（現狀與計畫）。
- ◆議題資源投入狀況（現狀與計畫）。
- ◆議題已經完成（上一步）、正在執行（這一步）、未來計畫（下一步）的關鍵活動。

第六步：追蹤會後行動

將開會通知表的會議記錄與會後行動填寫完成。尤其會後行動才是每個會議的最終目的，所以要把負責人、何時完成、行動內容等項目，具體的列在會後行動上寄發給所有與會者，由追蹤人進行追蹤以確保完成任務。

每天在職場上都有大大小小的會議，無效的會議讓人失望，有效的會議帶來希望，希望讀者運用開會通知表，加上上述六個步驟的方法，讓每個會議都能有效率的完成。

功夫老師的真功夫

◆ 恭甫老師，一位具有實戰經驗的兩岸企訓大師，細細咀嚼書中提出的觀點以及運用其中的技巧。至於「加薪」這件事，自然變得隨手可得。聯華食品通路經理動腦雜誌專欄作者　葉偉懿

第 15 堂

如何具備會為主管設想、替公司賺錢的商業頭腦？

我有一位學生剛從學校畢業，進入一家公司當工程師，花了兩天的時間，不眠不休設計了一個新產品規格，結果跟主管討論完後，主管說他，「你一點 Business Sense 都沒有！」於是他很失望的求助於我，問我「什麼是 Business Sense？如何培養此能力？」他更質疑自己根本不會接觸客戶，也不是市場行銷部門，為何還需要具備 Business Sense？

究竟什麼是 Business Sense？簡單說就是生意敏銳度。具有 Business Sense 的人，是一個有經營事業或生意頭腦的人，也就是站在經營事業的角度思考一件事，要培養這種能力，我認為最有效的方法就是學習商業模式（Business Model）。

什麼是商業模式？簡單的說，商業模式就是公司是以什麼樣的方式盈利？也就是「企業如何賺錢」，如何創造營收（revenue）與利潤（profit）的方法。

《獲利世代》（*Business Model Generation*）的作者亞歷山大・奧斯瓦爾德（Alexander Osterwalder）與其團隊所提出的工具「商業模式圖」（Business Model Canvas），便是一個可以解釋商業模式要素的可利用工具之一。

它包含了九大元素，分別是：價值主張（Value Proposition）、目標消費群體（Customer Segment）、通路（Channel）、客戶關係（Customer Relationship）、盈利模式或收益方式（Revenue）、關鍵資源（Key Resource）、關鍵活動（Key Activities）、關鍵夥伴（Key Partner），以及成本結構（Cost），讓我們在下面的內容中了解該如何利用這九大元素，打造自己的商業頭腦。

「商業模式圖」九大元素的內涵與運用

價值主張（Value Proposition：VP）

你要賣什麼產品（例如手機或電腦）或服務（例如諮詢或輔導）？你賣的產品或服務為客戶提供什麼價值？解決了客戶什麼問題？

目標消費群體（Customer Segment；CS）

你的產品或服務要賣給誰？潛在目標客戶是誰？

通路（Channel；CH）

你的產品或服務要用什麼樣的通路（實體店面或網路等方式）賣出去？它包含了如何增加通路，開拓市場，如何做行銷等工作。

客戶關係（Customer Relationship；CR）

你要如何與客戶建立並維護關係？它包含了如何吸引客戶，如何第一次消費，如何讓成交客戶持續產生消費行為等工作。

盈利模式或收益方式（Revenue；R$）

這區塊是由以上VP、CR、CH及CS所組合，也就是客戶如何付錢購買？你如何取得收益？

關鍵資源（Key Resource；KR）

你要購買哪些設備或招募多少人經營事業？例如找三位工程師，或是買咖啡機沖泡咖啡。

關鍵活動（Key Activities；KA）

你必須做哪些事情以經營事業？例如找工程師寫APP，或制定標準服務流程。

關鍵夥伴（Key Partner；KP）

你必須與哪些夥伴合作經營事業？例如上游原料供應商，或是相關合作對象。

商業模式九大要素架構表

<table>
<tr><td rowspan="2">KP
關鍵的合作夥伴或供應商有哪些？</td><td>KA
關鍵的經營管理活動有哪些？</td><td rowspan="2">VP
我們為客戶提供什麼價值？解決了客戶什麼問題？</td><td>CR
我們如何與客戶建立關係？</td><td rowspan="2">CS
潛在目標客戶是誰？</td></tr>
<tr><td>KR
關鍵的資源有哪些？</td><td>CH
我們如何有效接觸客戶？</td></tr>
<tr><td colspan="2">C$
關鍵的成本有哪些？</td><td colspan="3">R$
客戶如何付錢購買？</td></tr>
</table>

資料來源：《獲利世代》，早安財經文化。製圖：劉恭甫。

成本結構（Cost；C$）

這區塊是由以上KA、KR及KP所組合的關鍵成本結構。

將以上九種元素組合在一起，就可以描繪出商業模式。所以，所謂的「商業模式」，就是一種包括很多要素和要素之間關係的一個商業邏輯模型，它描述了一個企業為客戶提供的價值和可持續盈利的要素。

學習以商業模式思考

了解商業模式之後，建議大家每次在閱讀行業研究報告或商業案例時，可以嘗試描繪出它的商業模式，以增進對商業宏觀的了解，培養自己的商業頭腦。讓我們以一個簡單的例子說明到底什麼是商業模式。

商業模式範例說明

Jacky 打算開一間咖啡廳，他先進行了市場分析，考慮到喝咖啡的消費族群主要是學生或年輕人，於是就選擇把店開在學校附近。

為了創業，他拿出自己全部的存款五十萬元，加上向朋友借了十萬元，總共六十萬元，作為創業啟動資金。

創業的前六個月，他通過在學校門口分發宣傳單與社群媒體特價促銷等方式推廣自己的咖啡廳，終於在第七個月開始獲得盈利。這一過程完整的體現了一個商業模式如下：

- 價值主張（VP）：Jacky 要提供咖啡這個產品給學生或年輕人，這裡因為學生或年輕人需要咖啡這個產品，因此也就體現 Jacky 的咖啡店對於學生或年輕人的價值。Jacky 的咖啡店生意非常好，原因在於 Jacky 對咖啡的沖泡有著「獨家秘訣」，這也創造出別的咖啡店沒有的獨特口味，於是，Jacky 的咖啡產品就具有商業模式中的核心競爭力，因為 Jacky 掌握了能擊敗別人的技術，或者是獨特難以複製的技術。

◆目標消費群體（CS）：Jacky 在考察市場的時候發現，咖啡這個產品主要是被學生或年輕人所購買，而在 Jacky 所設定的市場環境中，購買咖啡產品最多的就是他選擇的那個學校的學生們。

◆通路（CH）：Jacky 通過實體店面與網路將咖啡銷售給學生們。

◆客戶關係（CR）：當學生購買了咖啡之後，Jacky 與學生之間就產生了關係，之後 Jacky 以會員卡的方式，讓客戶日後回來進行持續性的客戶關係。

◆盈利模式（R$）：Jacky 是經由出售咖啡與會員卡獲得盈利。

◆關鍵活動（KA）：為了讓咖啡店經營更有規模，Jacky 雇用了兩個人，員工甲負責行銷與服務，員工乙負責咖啡沖泡與製作，而 Jacky 自己則負責整個流程和管理的工作。

◆關鍵資源（KR）：行銷與服務時所需要的電腦等資源就分配給了員工甲，而咖啡機器設備就給了員工乙，配方與店面等資源就分配給了 Jacky 自己。

◆關鍵夥伴（KP）：Jacky 在創立咖啡店之後不久，咖啡原料商和其他區域的朋友也和 Jacky 商議可以代銷 Jacky 的咖啡產品。於是，這些人和 Jacky 之間就有了合作的夥伴關係。

◆成本結構（C$）：Jacky 每賣出一杯咖啡，就要扣除十元的材料成本、十元的人員工資、五元的其他費用等成本構成。

利用商業模式讓事業更有未來

學習商業模式的思考之後，應該如何運用商業模式綜觀全局檢視自己的事業？我們可以運用下頁表格檢視產品或事業，找出問題點進行改善。

從商業模式思考現有工作狀況表格

		現狀	問題點	原因	改善對策	負責人	完成時間
VP	如何洞察客戶的需求？如何提高客戶滿意度？						
CS	現有關鍵客戶是誰？未來潛在客戶是誰？						
CR	如何創造第一次成交？如何讓成交客戶再次購買？						
CH	如何吸引潛在客戶上門？如何讓客戶更方便購買？						
R$	如何提高客戶購買金額？						
KA	如何提高效率？如何讓流程又快又好？						
KR	如何讓關鍵資源做最有效運用？如何掌握關鍵人才？						
KP	如何讓關鍵合作夥伴或供應商能更緊密合作？						
C$	如何降低成本？						

接下來，我們可以在每月或是每季檢視事業的體質，例如在通路端（CH）有問題，便讓團隊共同討論，找出原因商討對策，以解決通路上的問題，請參照下表。

我常與兩岸大型企業的高階主管進行管理方面的議題研討，聽到高階主管們向我吐苦水最多的地方，就是團隊成員都沒有站在生意的角度進行提案或思考對策，甚至他們都會不經意脫口而出的說，「哪個部屬最有生意頭腦，我就讓他當主管。」可見 Business Sense 在高階主管的心中是多麼重要的一項能力。

建議大家可將「從商業模式思考現有工作狀況表格」列印出來，貼在座位前顯眼的地方，提醒自己未來向主管提案時，或是思考一個解決對策時，可以從這九個方向進行全方位思考。

經由商業模式表的分析後，在通路端有問題的表格範例

		現狀	問題點	原因	改善對策	負責人	完成時間
CH	如何吸引潛在客戶上門？如何讓客戶更方便購買？	實體通路業績下滑	客戶到實體通路購買不方便	容易塞車	提供免下車服務	張經理	下周五

如果能常常透過「商業模式圖」的九大元素進行練習與思考，一定能有效提升自己的生意敏銳度，而能常常站在經營事業的角度思考事情，你在主管眼中絕對是不可多得的人才。

功夫老師的真功夫

◆ 透過恭甫學長的著作，的確有助我們在職場的武林中，武功越來越高強。

聯合信用卡處理中心　林博謙

◆ 本書無疑是恭甫兄歷年來修煉的精華，相信讀者必可以從中獲益許多。

前合勤科技副總經理現任研華科技　陳文雄

第16堂 如何將自己品牌化，成為主管心中不可取代的好人才？

不論是在創業還是規畫品牌行銷的人都知道「品牌定位」非常重要，但是身為職場上班族，卻鮮少人將自己進行「品牌定位」，為什麼要這樣做呢？

因為在未來，職場的氛圍已從組織的時代轉換為個人的時代，因此未來在職場上的上班族，各方面都表現六十分的人，將越來越容易被淘汰，必須突出自己的優勢，讓自己「品牌化」。

簡單來說，經營個人品牌就是經營「自己的強項」，每個人絕對都有自己的強項，只是大多數人都忽略了，而「找到自己喜歡做的事，成為某個能力在某個領域是獨特的」，就是個人品牌獨特賣點。

所以建立自我品牌，將是提升你在公司或行業地位的重要策略！那麼該怎麼做呢？可以經由以下四個步驟達成：

第一步：提煉個人品牌關鍵字

讓我們經由以下ABCDE五個順序，好好規畫自己的個人品牌。

個人品牌定位規畫表

A過去的豐功偉業 例如： 在社區當義工； 主動在公司辦愛心義賣。	B自己拿手或喜歡做的事 例如： 喜歡服務別人； 喜歡一群人共同完成一件事； 我喜歡看到大家稱讚我貼心的表情。
E定位 例如： 我＝客戶最貼心的服務夥伴。	
D未來想創造的豐功偉業 例如： 客戶稱讚我的服務超棒； 客戶連續多年指定跟我合作； 客戶介紹客戶都說我服務好。	C未來想做的事 例如： 服務客戶； 幫助客戶解決問題； 看到客戶因我的服務而開心的笑容。

表格項目說明

◆A：請在「A過去的豐功偉業」欄中，將過去在職場上或學校中所做過的豐功偉業一一列出來。例如，在社區當義工、主動在公司辦愛心義賣。

◆B：請在「B自己拿手或喜歡做的事」欄中，將自己認為拿手或喜歡做的事一一列出。例如，我喜歡服務別人、我喜歡一群人共同完成一件事、我喜歡看到大家稱讚我貼心的表情。

◆A與B的目的是確認自己目前的現況，C、D與E就是描繪自己的未來。

◆C：將自己未來十年在職場上想做的事一一列出。例如，我想要服務客戶、我想要幫助客戶解決問題、我想要看到客戶因我的服務而開心的笑容。

◆D：將自己未來十年想達成的豐功偉業一一列出。例如，客戶稱讚我的服務超棒、客戶連續多年指定跟我合作、客戶都說我的服務好。

◆E：寫下生涯規畫關鍵字「我＝XXX」。例如，我＝客戶最貼心的服務夥伴。

◆第五步必須結合前四步最常出現的關鍵字，才能寫下唯一的生涯規畫關鍵字，例如此表中的A到D最常出現的關鍵字就是「客戶」與「服務」，所以E寫下「客戶最貼心的服務夥伴」。

建立品牌，必須成為某一個領域的佼佼者，所以上班族要建立個人品牌，也必須有同樣的思考與計畫，也就是讓自己擁有一個特殊且獨有的「生涯規畫關鍵字」，才能展現自己的品牌定位。

第二步：喜歡自己的品牌定位

個人品牌定位通常與自己所在的部門或績效有很大的關係。以業務部而言，通常的績效是以「業績」為考核標準，所以當你喜歡衝業績，一旦成為業績最好的業務人員，你的個人品牌定位就會是「銷售業績第一名」或「新客戶開發數第一名」等。但是如果你不喜歡衝業績，又或者是你業績衝不到第一，難道就無法建立定位了嗎？

當然可以！那就是做你最喜歡做的事，如果你喜歡服務客戶、幫助客戶，這是你喜歡做的事，那就讓你喜歡的事通過努力變成一個定位吧！

為什麼要找喜歡的事變成定位呢？因為要變成定位需要一段時間，可能兩年，可能十年，這時候，只有喜歡做的事才能持續這麼長的時間。

所以只要認定「我喜歡做這個」，就開始努力強化這一部分的能力，經過一段時間的經營，如果確實做到了，一定能夠成為該領域的第一名。

所以，如果你不是業績最好的業務，但是很喜歡服務客戶，你就可以開始經營它成為某種一種能力，例如「客戶在我手上都能長期維繫」、「曾經失去的客戶在我手上都能再度簽約」。

久而久之，透過不斷的能力展現，如果能於業務部門與團隊中建立起「在所有業務人員中客戶與我合作的時間最久」，或是「在所有業務人員中流失的客戶交到我手上都能失而復得」，這樣的「客戶黏著度第一」或是「客戶回頭率第一」定位，一旦公司的組織產生變化，你可能一夕之間突然成為公司想要的「品牌」，並獲得很好的升遷機會，甚至其他同行或人力公司也會因為你這個品牌而提供更好的條件讓你轉職。

像這樣經由「做自己喜歡做的事」發展成「個人能力」，再確立成「個人品牌」，就是經營「我＝○○○」個人品牌的最好方法，讓所有人只要說到○○○就想到你，即可確立這是你的個人品牌。

第三步：有捨才有得

生涯規畫關鍵字是一個大方向，如果你已經很明確找到方向，恭喜你。如果你不是個天生目標明確的人，希望這個系統性的方法可以幫助你。不過最重要的是，做自己喜歡的事，才是最終成功與快樂的關鍵！

一旦決定了生涯規畫關鍵字，就要盡量學會取捨，就像在職場中，每項工作都希望是又快、又好、又省錢，但是資源有限，我們都知道，如果一件事要又快又好，還能省錢嗎？

就像每個人都希望工作是錢多、事少、離家近，但大部分如你我的平凡市井小民是碰不到的，大部分人的工作或人生，其實都是「在有限的資源下，又快、又好、又省錢的取捨與交換」。所以，人生中的一切與結果，都是取捨與交換得來。

第四步：行銷你的個人品牌

我們都知道，銷售要成功，重點不在於你認識誰，而在於誰認識你；我們必須運用工作中的任何環境與機會建立自己的品牌，而當你決定轉換職務或轉換跑道，甚至離職或是失業的時候，你的個人品牌才能幫助你順利走到下一條路。

例如，我很喜歡做「將很難的產品技術，以淺顯易懂的PPT設計簡報呈現」這件事。剛進合勤科技當產品經理時，我將部門負責的產品線，以全新的簡報製作方式重新設計新產品簡介，並在內部對業務部門進行產品訓練。

由於之前公司不曾有人這樣做過，加上許多業務拿這份簡報向客戶進行簡報，都比以前更順利取得客戶的好感與品牌認同，於是我設計的PPT便開始在公司其他部門傳開了，許多人見到我便稱呼我是「簡報專家」，國外經銷商也稱呼我是「Mr. Presentation」，這就建立了我的個人品牌。

所以在公司中，你可以選擇經由以下方法之一行銷自己的個人品牌：

◆定期發送有關你的個人品牌定位的電子郵件，把這件事當成創立你個人的電子周報，報導有價值的資訊。例如你對服務客戶有興趣，你就可以發送有關客戶服務的成功案例或是自己的心得。例如我常在內部主動分享如何設計PPT，並以郵件方式分享我的簡報設計秘訣。

◆在產業專家或潛在讀者可以看到的地方發表文章，或創建部落格撰寫文章，別人會透過文章認識你，奠定你的專業和權威地位。

◆在公司內部以知識分享或演講的方式，讓自己成為價值提供者，如果大家了解你的價值，他們自然會向別人宣傳你的名字和品牌。例如，我甚至在公司內部擔任講師，教導業務部門以及產品經理「簡報技巧」的課程，成為「簡報技巧」的價值提供者。

建立個人品牌是人生中最重要的策略之一，過程並不容易，但是產生的價值絕對超過你的想像！保持耐心並花時間經營，必須付出很多努力，而且必須要持續下去。我相信通過以上四個步驟絕對可以幫助你攀上職場高峰！

最重要的是，建立個人品牌是做自己喜歡做的事，而不是隨別人要你做的事而改變。

如果我們拚命活給別人看，將會一步步失去真實的自我；如果我們拚命活給自己看，將會一步步找回精采的自我！

功夫老師的真功夫

- 功夫老師藉著他的專業知識及實戰經驗，在絕無冷場的過程中，讓我們學習到許多寶貴的經驗。精誠資訊資深專案處長　李子鵬
- 劉恭甫老師擅長將抽象的觀念打破、拆解，以提綱挈領、深入淺出的方式，重新組合，幫助理解。合勤科技品牌行銷處協理　陶德芬
- 在接觸課程前，我一直認為設計思考與創意是創意比較重要，但是上課之後，才驚覺設計思考比創新重要。日正食品副總經理　李采慧
- 從 Jacky 的課程經驗分享裡面，可以深刻的感受到「台上十分鐘，台下十年功」的努力與震撼。研華股份有限公司資深經理　左家榮

第三篇

態度不佳，如何能讓未來充滿機會？

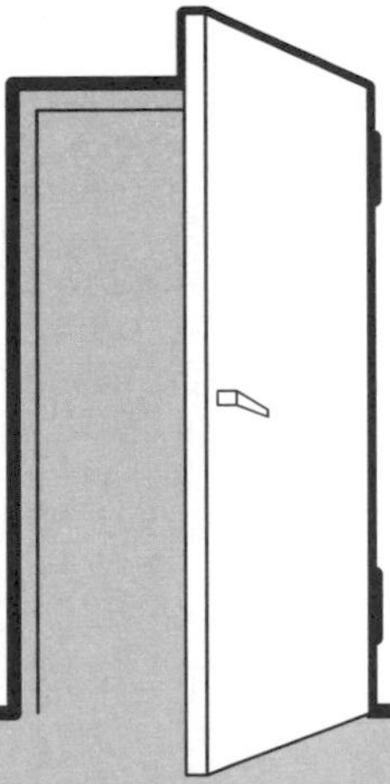

第17堂

如何成為創新型人才，擁有源源不絕的創意？

以前還在上班時，有一次代表公司到德國參加CEBIT，遇到一位老朋友小黑；我們是在杜拜參加展覽認識，當時他還只是產品行銷專員。沒想到幾年後又在展場相遇，他已經是公司事業部門的負責人。

到小黑公司的展覽攤位看到他設計的新產品，並聽他分享這產品連續三年的銷售佳績後，令我非常驚豔他的表現，也讓我很好奇他如何在競爭激烈的職場中過關斬將，在短短的幾年內，從一個基層員工變身為高階主管。小黑當時告訴我，他的創新能力是主管願意讓他獨當一面的最重要因素！

還有一次在上海徐匯區逛大賣場時，無意中我遇到了大學同學小美，二十年沒見的老同學，當然立刻找了咖啡廳坐下來，聊了好幾個小時，一聊之後才發現，小美已經是這家上海大賣場的副總。短短的三年時間，她一路從行銷企劃，創意總監到行政副總，我很驚訝的問小美，「你可以告訴我，到底是什麼樣的能力讓妳可以爬這麼快？」小美回答，「創意能力是我在上海競爭激烈的環境中脫穎而出最重要的武器！」

以上兩個朋友的案例印證了一件事，在競爭激烈的職場及市場中，創新能力絕對是最重要的能力之一。多年來，我在兩岸知名企業對高階主管以及企業菁英講授創新技巧的課程中，幫助企業建立創新文化，訓練企業菁英快速學習創新技巧，其中「創意九式」的創意思考法，是最受學員歡迎的創新技巧。

運用創意九式強迫自己創新思維

創意九式是以九個口訣為思考起點，透過一連串問題，即可強迫性的產生創意，把既有思考轉換成全新的思考，特別適用於思考僵化、想要尋求突破的工作者。

創意九式的九個口訣是「加、減、乘、除、等於、眼、口、小、腦」，可運用創意九式思考表，透過「創意思考型問題」中列出的問題進行思考，將所產生的創意填入「創意產出」欄中。

創意九式思考表

口訣	創意九式舉例	創意思考型問題舉例	創意產出
加	組合	我可以重組創造嗎？ 我可以合併、取代嗎？ 我可以附加、連結嗎？ 我可以跨界整合嗎？	
減	消除	我可以化繁為簡嗎？ 我可以省略、忽略某些元素嗎？ 我可以除去、刪除某些元素嗎？	
乘	改變	我可以改變形狀色彩等元素嗎？ 我可以把無聊變成有樂趣嗎？ 我可以把無聊變成讓客戶感動嗎？	
除	反向	我可以逆向思考嗎？ 我可以反轉、顛倒某些做法嗎？ 我可以換掉、取代某些做法嗎？	

等於	借用	我可以多元運用許多元素嗎？ 我可以模仿、移植其他人的好做法嗎？ 我可以標竿學習嗎？	
眼	觀察	我可以深入觀察客戶嗎？ 可以深入探索客戶行為嗎？ 我可以以客戶角度進行體驗嗎？ 我可以用心體會客戶不方便嗎？	
口	問問題	我可以找出為何會發生這個問題嗎？ 我可以找出這個問題背後的問題嗎？	
小	兒童	我可以像小孩一樣多嘗試實驗嗎？ 我可以像小孩一樣拆解產品嗎？ 我可以像小孩一樣快速做出模型嗎？ 我可以像小孩一樣想像什麼都不會開始從頭學習嗎？	
腦	打破框框	我可以挑戰常規嗎？ 我可以打破遊戲規則嗎？	

創意九式思考表說明

◆加，是「組合」技巧：運用增加或合併新功能的方式產生創意。

◆減，是「消除」技巧：運用移除或省略功能的方式產生創意。

◆乘，是「改變」技巧：運用改變傳統的方式產生創意。

◆除，是「反向」技巧：運用刻意相反的方式產生創意。

◆等於，是「借用」技巧：運用向別人借創意的方式產生創意。

◆眼，是「觀察」技巧：運用深入觀察產生洞見的方式產生創意。

◆口，是「問問題」技巧：運用不斷問問題的方式產生創意。

◆小，是「兒童」技巧：運用如小孩般嘗試或摸索的方式產生創意。

◆腦，是「打破框框」技巧：運用打破規則的方式產生創意。

例如，如何讓客戶排隊時，不但不會覺得不耐煩，還會覺得有趣？依照創意九式的方法，我們可以如下思考，以優化客戶排隊的服務體驗：

組合

我們可以留下客戶手機，加上排隊資訊的簡訊通知，這樣可以讓客戶先在外面逛街，時間到再進來。

消除

我們可以取消現場排隊，改成預約制，讓客戶在家裡先安排自己的時間，時間到再出發前來餐廳即可。

改變

我們可以把發放取票號後，客戶還不斷向店員詢問「到幾號了？」的狀況，改成在門口設置大螢幕，上面可以顯示排隊號碼。

反向

把發號碼牌給客戶這個動作，反向思考，改成讓客戶可以自助DIY取號。

借用

我們借用打電動會忘記時間的觀念，在門口設計遊戲機，讓客戶可以在排隊時還能打電動，忘記排隊的不耐煩。

觀察

藉由觀察客戶排隊時都在做什麼，發現他們都想先看菜單，所以可以在排隊時先幫客戶點餐，點完餐，或許排隊就結束了。

問問題

藉由不斷自問為什麼排隊會不耐煩?得出可能的原因是小孩吵鬧而導致不耐煩，所以可以設置兒童遊戲區讓小孩玩，也可以讓家長放心。

兒童

如果要排隊，動線怎麼安排會比較好？可以自己嘗試摸索看看，或許可以重新設計排隊動線。

打破框框

誰說排隊只能是排隊？我們可以結合幫客戶按摩服務，或是剪頭髮服務等周邊服務，讓客戶覺得排隊也可以順便完成很多事。

創意九式思考表範例

口訣	創意九式舉例	創意思考型問題舉例	創意產出
加	組合	可以重組創造嗎？ 可以合併、取代嗎？ 可以附加、連結嗎？ 可以跨界整合嗎？	留下客戶手機、排隊資訊的簡訊通知。
減	消除	可以化繁為簡嗎？ 可以省略、忽略某些元素嗎？ 可以除去、刪除某些元素嗎？	取消現場排隊，改成預約制。
乘	改變	可以改變形狀色彩等元素嗎？ 可以把無聊變成有樂趣嗎？ 可以把無聊變成讓客戶感動嗎？	把發放取票號改成在門口設置大螢幕，上面可以顯示排隊號碼。
除	反向	可以逆向思考嗎？ 可以反轉、顛倒某些做法嗎？ 可以換掉、取代某些做法嗎？	把發號碼牌改成讓客戶可以自助 DIY 取號。
等於	借用	可以多元運用許多元素嗎？ 可以模仿、移植其他人的好做法嗎？ 可以標竿學習嗎？	在門口設計遊戲機，讓客戶可以在排隊時還能打電動。

眼	觀察	可以深入觀察客戶嗎？ 可以深入探索客戶行為嗎？ 可以以客戶角度進行體驗嗎？ 可以用心體會客戶不方便嗎？	藉由觀察客戶排隊時都在做什麼？
口	問問題	可以找出為何會發生這個問題嗎？ 可以找出這個問題背後的問題嗎？	藉由不斷自問為什麼排隊會不耐煩？
小	兒童	可以像小孩一樣多嘗試實驗嗎？ 可以像小孩一樣拆解產品嗎？ 可以像小孩一樣快速做出模型嗎？ 可以像小孩一樣想像什麼都不會開始從頭學習嗎？	排隊的動線可以怎麼安排會比較好？自己嘗試摸索看看。
腦	打破框框	可以挑戰常規嗎？ 可以打破遊戲規則嗎？	誰說排隊只能是排隊？可以結合幫客戶按摩服務或是剪頭髮服務等周邊服務。

當長期從事相同的工作或是待在同一家公司，經驗會變得越來越豐富，相反的，我們看待事情的角度與眼光，也可能因此而被制約，也就是老用相同的方式想事情，不容易跳出框框。

藉由創意九式思考表，可以幫我們盡可能的多面向思考，激發自己潛藏的創造力，建議大家可以將創意九式思考表列印出來，平時多練習，在創造力上會獲得很大的幫助。

功夫老師的真功夫

◆恭甫老師像大內高手一般，把艱深難懂的課程，有系統又有條理地把內容深入淺出的變簡單！全球人壽訓練暨推廣處　胡延媛

◆功夫老師，有您真好，送您一個讚！匯豐汽車股份有限公司訓練組經理　李美賢

第 18 堂 如何不拍馬屁、不逢迎諂媚，就能成為主管愛將？

在職場上，有許多人認為，為了升遷，必須拍馬屁、迎合主管，其實不需要這樣。你可以不必非得喜歡主管，也大可不必遇到不如意就非得恨他入骨，但是有一件事必須要做，就是管理好你的主管，讓主管覺得不能沒有你。

小穎是課堂中令我印象非常深刻的一位學員，積極主動帶著小組討論並積極發言分享，中午午餐時間，我與公司幾位主管一起用餐，我提到小穎課程中的亮麗表現，小穎的主管 Alice 馬上對小穎讚不絕口，「小穎的學歷雖然不是部門中最好的一位，但我準備在年底提拔她當主管。」

我好奇的詢問原因，Alice 表示，很多客戶都指名找小穎，即使跟客戶表明小穎在電話中，客戶仍然願意等待。大家突然異口同聲問 Alice「為什麼？」Alice 回答，「因為小穎很雞婆很細心，善於解決客戶的問題。」從 Alice 的口中，我整理了小穎成功向上管理主管的八大關鍵要素。

讓主管覺得你在幫他

如果主管順利升遷，你才有機會獲得升遷；所以，身為部屬的我們，必須了解主管的處境，全力協助主管達成他想要的，成為主管的得力助手，讓主管知道「你重視的，就是我重視的」，就是幫助主管最好的方法。

此外，主管上面還有他的主管，所以你需要想辦法往上了解兩層，也就是主管與主管的主管之間的目標與壓力；你可以做哪些事來幫助他？想辦法「主動」協助主管解決問題，站在他的立場想事情，這對你未來擔任主管也會很有幫助。所以為你的主管排除萬難、幫助主管，就是你最該做的事情。

例如主管希望你盡速完成新流程設計，而當知道你主管的主管訂了一個降低成本百分之二十的目標給他，在設計新流程時，你就不只要考慮如何提高效率，更進一步可以思考如何降低成本。

讓主管覺得能夠掌握你

當主管需要你的時候找不到你，或是主管常常搞不清楚你在做什麼，換做你是主管，你會怎麼想？你可能會把這種部屬管得更嚴，一旦管得更嚴，身為部屬的你更是不舒服。所以想要讓主管對你放心並且不要管得太嚴，應該要適時讓主管了解你在哪裡，以及你在做什麼。

有些主管是抓大放小的性格，只要回報結果就好，中間不用知道太多細節。有些主管希望你大事小事都要回報，每天有寫不完的日報、周報、很多報告。

反觀我們自己，有些人覺得每件事向主管報告一下比較安心，出了事也會有主管扛；而有些人覺得既然主管把工作交代給我，那最後一天報告就好了，中間產生的問題會自己解決，因為要對這件事負責。

不論是以主管或部屬的角度出發，在掌握事情的方法上都沒有對錯，在雙方合作的模式上，也沒有一體適用的法則。可是身為部屬的我們，如果讓主管覺得該讓他知道的你沒說，而不需要讓他知道的卻報告一堆，你就可能會死得不明不白。這種「讓主管覺得能夠掌握你」的潛規則，通常不可能白紙黑字的寫清楚，但是你必須想辦法弄明白。

以 Alice 而言，她認為小穎能夠讓她感到放心的地方在於，小穎在工作中做出的決定都會讓她知道，不管是在郵件中把她放入副本收信人中，或是放一張便條紙在她桌上，或是留簡訊給她，都能夠讓她非常清楚掌握她的工作動態。慢慢的，她對小穎越來越信任與依賴。

讓主管覺得被尊重

許多部屬常常抱怨主管沒能力，以至於在跟主管溝通時也表現出「我的能力比你強，為什麼你是主管？」的態度，這會讓雙方的關係越來越緊張，我們必須了解，主管之所以能成為主管，多少有他過人之處，一定是因為當初的某個能力表現優異而被提拔，我們必須尊重主管，謙卑以對。所以心存主管，永遠好溝通。即使意見不一時，不當場頂撞，應該先表贊同再引申補充，適時把自己的想法放進去。

所謂我們認為的豬頭主管所做的豬頭決定，往往當你換成那個位置時，可能也會做出一樣的事情，一樣的決定。其實很多時候你的主管做的決定在你看來不一定正確、不一定合理，只是在面對更高層主管的壓力下所選擇的決定。

例如你認為新流程的設計必須選擇報價最高的供應商，才能達到對提高效率的要求，可是你的主管選擇了報價第二高的供應商，因為他有降低成本的壓力，而這個決定站在你的角度不是最正確的決定，但是站在你主管的角度，卻是此時最適合的決定。

讓主管覺得被重視

想像一下，當你交付給某位員工一件急事，他卻沒有立即處理，當你再交代他一次，他還是沒有立即處理，你做何感想？所以，我們必須把主管交付與提到的事列為工作重點，主管有指示立即做筆記，而且把主管重複提到的事列為超級工作重點。

Alice說，「每次的績效面談，我都會對每位部屬提到未來的期待，很多人不一定會把每件事都放在心上，只有小穎真的讓我覺得放在心上，因為小穎不但會當場記下，還會在一周內，主動找機會跟我討論並確認每件事如何進行，這是我最欣賞小穎的地方。」

讓主管覺得被崇拜

「主管，我覺得你剛才開會的時候回答總經理的問題好精準喔！總經理聽完點頭如搗蒜耶，我希望以後也可以跟您一樣。」我相信任何主管都希望聽到部屬的稱讚。

有句話說得好，「把主管當作職場上的情人。」其實主管也需要被讚美，如果你真的把主管當偶像崇拜，真心想從主管身上學習，上面這句話說出來就是真心的，而不是虛偽的拍馬屁。

讓主管覺得你不斷在進步

常常問主管，「您覺得我還有哪些地方需要改進？」然後記下來，讓主管看見你的改變，主管會覺得你不斷在進步，並且會非常珍惜這樣的部屬。

Alice 說，「小穎會要求我給她最真實的建議，這跟其他人真的很不一樣，小穎讓我覺得她很想改變，而且每一季都會讓我覺得她一直依照我的建議不斷進步！」

讓主管覺得你了解他

許多員工常常都會很盡責的要在時間之內，完成主管交辦的「表面任務」，卻常常忽略思考做這件任務的「背後意義」，也就是「為什麼要做這件事？」

所以我們不能只將任務做完，還要將任務做好，了解主管的需求。以製作一份表格為例，我們應該先思考「為什麼要做這份表格？」、「是要做給誰使用的？」、「這份表格最後要達到什麼效果？」等問題，才能了解主管究竟想要什麼。

當我們只想著快速將表格製作完成，而主管只要再多問一些有關這項任務的執行細節時，例如「這份表格為什麼字這麼小？」等問題，卻完全答不出來，往往會讓主管暴跳如雷。但大部分人心裡想的是，「你當初又沒說清楚。」

如果我們不但能執行任務，甚至還能提供當初主管沒想到的資訊給他參考，自然而然，主管將會更信任你，並願意交付高價值型任務，讓你有一展長才的機會。

讓主管覺得你跟他有共同目標

每個人都有工作上的目標，你有，你的主管也有。例如，同一件「產品設計」的任務，你的目標是「讓產品設計漂亮且容易使用」，主管的目標是「產品要準時上市並讓客戶滿意」，公司經營者的目標是「產品要能大幅提升業績」。

被交付一項任務時，需要想想這個任務跟主管的目標關聯性如何，這可以幫助我們判斷與進行工作排序。一旦當多項任務必須取捨時，我們可以根據主管的目標來決定。

例如主管很在意「產品要準時上市」，當產品專案進行到一半時，需要進行二選一的決定，第一個選擇是必須加人或外包以準時上市，或是第二個選擇是以現有人力進行，但是會延後兩個月上市，你認為應該要如何取捨才能與主管目標一致？第一個選擇可能雙方比較會有討論的空間，第二個選擇可能讓主管覺得你很白目。

所以當我們在面對一個問題時，除了考慮自己的目標外，還要考慮主管要什麼？主管在意什麼？主管的壓力是什麼？主管會害怕什麼？總而言之，如果你的任務與決定跟主管的目標是同一戰線，比較容易得到他的支持與幫助。

根據以上八大關鍵思考，我整理了下一頁的「向上管理主管的八大關鍵重點檢查表」，建議大家至少一個月進行一次思考，藉由表格中所列的八個檢核點的相關問題，將你的答案填入內容中。

向上管理主管的八大關鍵重點檢查表

重點	檢核點	內容
一、讓主管覺得你在幫他	主管與主管的主管之間的目標與壓力是什麼？我可以做哪些事來幫助主管？	
二、讓主管覺得能夠掌握你	我要如何適時讓主管了解我在哪裡？以及我在做什麼？	
三、讓主管覺得被尊重	我與主管意見不一時，我應該如何溝通？	
四、讓主管覺得被重視	主管親自交付的事有哪些？主管重複交付的事有哪些？	
五、讓主管覺得被崇拜	我想從主管身上學習什麼？本周我的主管有哪裡表現不錯，我可以稱讚的？	
六、讓主管覺得你不斷在進步	主管覺得我還有哪些地方需要改進？	
七、讓主管覺得你懂他	從主管最近交付的事，思考「主管為什麼要做這件事？」	
八、讓主管覺得你跟他有共同的目標	自己的目標是什麼？主管要什麼？主管在意什麼？主管的壓力是什麼？主管會害怕什麼？	

身在職場，我們必須扮演好自己的角色，這個角色的工作細節或許在工作說明書上沒有寫出來或寫清楚，但是主管心目中最需要的是「能解決問題的人」，如果不能站在他的立場上，幫忙他解決問題，就不能算扮演好身為部屬的角色。希望以上八個關鍵思考能讓你成為主管的左右手，在未來走出一條更平順的職場之路！

功夫老師的真功夫

◆自己的能力和態度，要先贏得目光與掌聲，才有更多的機會粉墨登場，挑起大樑。功夫老師把自己身體力行的原則化為文字，希望贏得掌聲的員工要看，準備給予掌聲的老闆也應該看。展達通訊總經理　林秀立

◆在以價值創新追求產品差異化的年代，恭甫老師是最佳的啓發者。四零四科技集團艾易科技股份有限公司總經理　鄭裕宏

第19堂 如何把低價值工作轉換成高價值工作，提升自己在主管心中的能見度？

努力一定就會有成果嗎？每天加班熬夜，公司交代的事都任勞任怨完成，但是升遷加薪總輪不到我，到底為什麼？我想應該不少人都有這樣的煩惱吧！

初入職場時，有一次主管要我設計一份「生產排程表」的表格，這份表格看起來沒什麼了不起，卻讓我前後修改超過十次，包括字體大小、表格高度、長度等，每次改好讓主管過目時，心中都覺得很不高興，總覺得他每次都挑三揀四，故意挑毛病。

為了這份表格，我還特地跑去問工廠組長，「請問怎麼修改現有表格，比較能符合你的需要？」沒想到工廠組長卻說，「你又沒在工廠待過，永遠都不會改到我們真正可以用的表格啦！」這句話讓我非常挫折。

一陣子後，同樣又是這份表格讓我被主管念了一頓，回到位置上，回想這半個月都在跟這個表格相處，不免心生怨懟，「我是學設計，應該來這裡畫設計圖發揮長才，又不是來這裡當文書專員修改表格！」當時我非常不開心，索性直接走出公司，我當時心裡只有一個念頭，「到哪去都可以，就是不要再看到這個表格了。」

獨自走了半小時後，我開始靜下心來仔細想一個問題，「為什麼主管要我做這件事？」百思不得其解後回到公司，問了一下隔壁的資深同事才發現，原來主管前前後後找了很多人做這件事，但就是做不好。頓時，我有一股想挑戰的衝動，我想如果可以把這件事做好，主管一定會覺得我很厲害。

於是我開始從這張表格了解前後流程，最後不但完成表格，還畫出整套公司的流程，讓主管大吃一驚！主管其實就是希望藉由這個表格重新設計公司流程。

為什麼我會從排斥做這個表格到想盡辦法把它做好，前後最大的差別在於，一開始我並不了解這份工作背後的意義，做得很不高興又不情願，但是當了解背後意義，讓我甚至還想挑戰這份工作。

低價值與高價值工作間的差別

每次回想當初這個表格工作，都覺得很有意思。後來慢慢成長並剖析箇中意義，我開始意識到，職場中類似的事件其實一直不斷的重演。

我的體會是，任何工作其實都可以分成兩類，第一類是「低價值工作」，第二類是「高價值工作」，工作內容大都是「低價值工作」的人，很可能覺得很努力但是升遷加薪總輪不到自己，「高價值工作」內容比例高的人，可能看起來沒做什麼事，卻能不斷升遷加薪。

那麼，到底什麼是「高價值工作」？什麼又是「低價值工作」？這必須從主管的角度來看。對主管而言，「高價值工作」通常是困難度較高，需要長時間完成，做得不好可以接受，能見度高。相對的，「低價值工作」通常是單純或重複性高的工作，短時間可以完成，做得不好容易被罵，能見度不高。

以表格為例，我把「製作表格」這件事定義成「低價值工作」，而把「表格背後的流程設計」定義成「高價值工作」。以業務單位而言，「打報價單」本身可能是「低價值工作」，而「與客戶進行報價談判」就是「高價值工作」。

所以，如果你想求表現，獲得比較多的升遷加薪機會，你會想做哪一種工作呢？當然是「高價值工作」。

但是，現實的狀況是，大多數人都喜歡接看似簡單容易完成的「低價值工作」，而不願意接吃力不討好的「高價值工作」。所以，如果你願意主動接下別人不願意做的事，就等於接下「高價值工作」；另外，處理主管的燙手山芋，也等於接下「高價值工作」。

雖然在職場初期或是初到新工作環境，我們不一定會被立即指派「高價值工作」，甚至幾乎都被指派「低價值工作」，但是仍然要想辦法在自己的工作中提高「高價值工作」的比例，以降低「低價值工作」的比例。那要怎麼做呢？最直接的方法，就是把「低價值工作」轉變成「高價值工作」。

了解「低價值」工作背後的「高價值」意義

平常要多留意主管關心什麼議題？主管的主管又指派了什麼任務給他？平時就要學

會站在主管的角度思考任何一件工作。即使同樣一件事，我們可能認為是「低價值工作」，從主管角度看來可能是「高價值工作」。

所以，看似再沒意思的工作，如果用主管的眼光來看，就能看出一份工作的價值所在。例如主管非常在意成本與效率，我們便可以把「設計表格」這件事，轉換成「通過設計表格，思考如何優化或簡化流程的方法」；把「統計交通費」這件事，轉換成「通過交通費的統計分析，思考如何降低交通費支出的方法」。

也就是說，如果這件事轉換成功並產生結果，那麼這件事對交辦任務給你的主管而言，將大幅超越他原本的期待。

將「低價值」工作與公司策略結合在一起

平常多留意公司策略，像是公司希望提高或降低什麼指標，希望解決什麼問題等，才能夠透過手中的例行性工作，為公司做出貢獻。

例如今年公司的策略是強化客戶服務，提高客戶滿意度，就可以把「統計交通費」

轉換成「通過交通費的統計分析，思考如何降低客戶在旅途上不方便的方法，以提高客戶滿意度」，或是可以把「設計表格」，轉換成「通過設計表格，思考如何讓客戶降低填各式表格的方法以提高客戶滿意度」。

高價值工作轉換計畫表範例

重點	思考點	低價值工作	高價值工作轉換結果
了解工作背後的意義	主管在關心什麼議題？主管的主管指派了什麼任務給主管？如何站在主管的角度思考以提高我現在工作的價值？	設計表格	通過設計表格，思考如何優化或簡化流程的方法。
將工作與公司策略結合在一起	公司策略是什麼？公司希望提高或降低什麼指標，公司希望解決什麼問題？如何結合公司的策略思考以提高我現在工作的價值？	設計表格	通過設計表格，思考如何讓客戶降低填各式表格的方法以提高客戶滿意度。

高價值工作轉換計畫表說明

◆將「低價值工作」填入表格中，經過上方思考點的提示，將轉換後的「高價值工作」也填入下方表格中。

每個人都希望自己的表現被主管看到，所以提高自己手上工作中「高價值工作」的比例，是唯一的一條路，也就是把手上的「低價值工作」轉變成「高價值工作」，希望大家能藉由高價值工作轉換計畫表，將手上的工作轉換後填入「高價值工作轉換結果」欄內，認真計畫並執行，主動向主管提出自己的看法，持續的努力下，我相信未來每天加班熬夜、任勞任怨，但是輪不到升遷加薪的人，絕對不是你！

功夫老師的真功夫

◆真是佛心來著的達人講師！自己強不夠，還要在忙碌的行程中，與有緣人分享職場眉角、讓大家更好。邦訓企管執行顧問　呂淑蓮

第 20 堂

如何藉由工作，讓自己一步步的夢想成真？

讀大學時，我一直很希望畢業後可以出國留學，每當同學告訴我，他們畢業後要出國留學，我總是很羨慕地看著他們，心裡想著自己如果有機會可以出國接觸外國人，跟外國人聊天，看看國外的風光，那該多好。

為了更接近夢想，雖然我的第一份工作是工程繪圖設計師，卻還主動兼了公司內部國貿專員的工作，因為這份工作可以讓我有機會接觸國外客戶，不管是打電話、寫信，或是傳真給國外客戶，對我而言都是新鮮的體驗，所以即便很累，但是我做得很快樂。

達成夢想的過程，必須要改變

有一次，我得知主管希望派一個人出國拜訪客戶，我便主動爭取機會，但最後主管還是選擇了另一位同事，於是我鼓起勇氣去問主管為什麼不派我？主管說，「派你出去很危險，因為你不曾在國外留學，不但會有語言溝通的問題，你還不懂產品與技術，這麼重要的訂單，萬一搞砸了怎麼辦？」

這些話讓我很難受，很想離職到別家公司找機會，可是後來我想想，不會游泳的人不斷換泳池，可以解決問題嗎？不會做事的人不斷換工作，可以解決問題嗎？想要改變一切，首先就要改變自己！只要自己改變，一切才能開始改變！

我知道自己比別人落後很多，所以一定要比別人花更多時間盡快補足。我開始利用晚上報名參加外貿協會的語言訓練班與外貿實務班，甚至下班後選擇留下來和工廠師傅與工程師討論產品與技術。持續一段時間後，有一天早上突然接到主管的電話，說他有要事無法抽身，要我去機場接一位外國客戶到公司參觀並介紹產品。

這個臨時的任務讓我有點不知所措，不過當天我還是硬著頭皮、用我學習到的外貿英語與產品知識，帶著客戶進行半天的參觀。由於帶客戶到工廠進行導覽參觀約一個多小時，被當時在工廠的幾位主管看到，事後還跟我說，「以前客戶來都是主管親自陪，沒想到主管這麼信任你，讓你陪客戶，不錯耶！」

接下來我開始不斷練習英文簡報，不斷想像如果客戶再次來訪，我會怎麼做？我相信，「時間花在哪裡，成就就在哪裡！」如果天天上場簡報，當然會變成簡報神人；如果天天寫企畫書，當然會變成企畫達人；要想變成什麼樣的人，就要看自己花多少時間和工夫；一點一滴，日積月累，終將達到許多人難以跨越的專業門檻。

終於在兩年後，主管願意給我第一次機會出國，還以業務身分去拜訪客戶，這對我而言是一個非常大的突破與挑戰，也讓我離夢想更接近一步。

沒有跌倒與挫折，就練不出真功夫

開始與國外客戶接觸後，有一回跟瑞士人做生意，交期很趕，我拚命聯絡很多人、處理很多事，最後還是晚一天沒有準時交貨，雖然沒有違約罰款，但是客戶直接送了一張傳真給主管，說我是個無能的人，主管還因此大訓我一頓。當時我心裡想著，「我幫你這麼多，有什麼問題你可以跟我講，為什麼一定要直接跟我主管講呢？」我的心情跌到谷底，一度想要放棄當業務，

後來妻子告訴我，「最差也不過就是這樣！潑冷水是別人的自由，堅持下去是你的自由！死，一定要死在自己的夢裡！死，也不要死在別人的嘴裡！」於是我重拾心情，認真學習如何與客戶相處，後來這個客戶還成為我的好朋友！

之後，我開始有很多機會被派到國外開發市場或是處理跨國專案合作，有一次到丹麥哥本哈根尋訪安徒生故鄉，我彷彿回到童話故事中的純真角落；還有一次我到埃及開羅，用自己的手摸著一塊塊和我一樣高的石頭所堆積起來的金字塔，心中真的無法言喻；我還親自到過多明尼加，這個充滿陽光四季如夏的加勒比海國家，坐在沙灘躺椅，看著無邊無際的蔚藍海洋。

到過三十個國家，親自享受三十種不同體驗，這不就是我從學生時代看到世界地圖就想要環遊世界的夢想嗎？這條路雖然花了十年，但我做到了，我可以做到，是因為「我相信」一定可以做得到！當你願意相信自己，奇蹟就會發生！

夢想必須有所取捨

有一年冬天，我被派到丹麥進行長達三個月的產品上市專案，在外派丹麥的三個月當中，除了每天體驗在寒冷的北歐忙碌的準備與執行上市行銷活動外，最掛心的就是妻子和兩個小孩。當時我的兒子才一歲左右，雖然可以透過視訊看到我，但是對於爸爸的殷切思念，還是讓他在我們的第一次網路會面上哭得稀里嘩啦（老婆大人也是啦）。對他而言，我這個爸爸像是活在電腦之中，而不是平常可以跟他玩騎馬打仗的爸爸了。

所以，三個月之後，當我一踏進家門的那一刻，他竟然躲在媽媽的背後不理我，像是不認識我一樣。當時我真是一時之間無法釋懷，甚至還因此對小孩發脾氣，但是也不能不承認妻子講得很有道理。「在這三個月之中，小孩發燒時，是誰帶他去看醫生、讓他舒服一點？小孩肚子餓時，是誰煮飯給他吃、讓他不會挨餓？小孩鬧脾氣時，是誰安撫他、讓他快樂的？你都不在他身邊，現在卻怪他不理你，這樣對嗎？」我的心結也因而打開。

在大人的忙碌時間表中，三個月好像飛箭穿梭而過，可是，我卻花了很多時間才把這三個月的父子親密關係重建回來；也因此，我的體驗是，工作與家庭真的不容易兩者兼顧，但要力求平衡，生命才會完整。

打造自己的圓夢地圖

聽了我的圓夢過程，讓我幫助你藉由下面的圓夢地圖實現自己的夢想吧！圓夢地圖除了在中間寫下自己的夢想之外，可分成四大部分，分別是改變、獎勵、時程、關鍵人。也就是說，為了達成夢想，要以順時針方向進行思考，問問自己下面的問題：

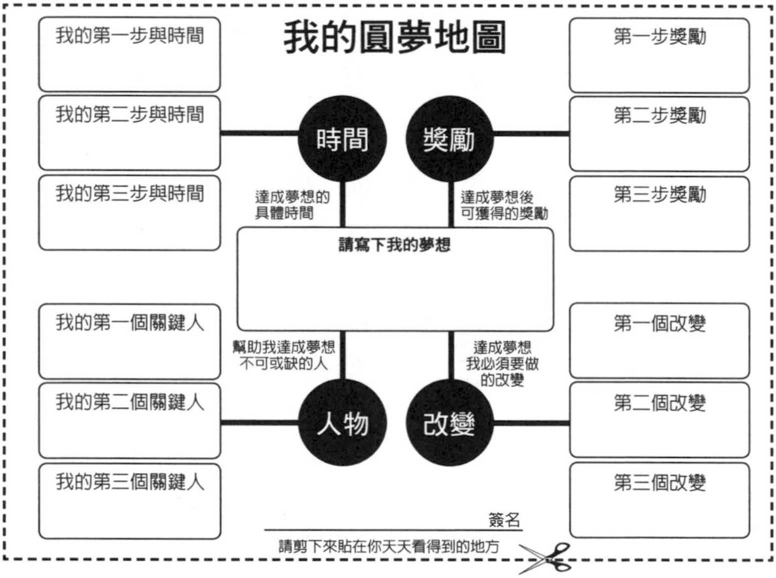

◆我應該要分成幾個階段完成？請寫在左上角。

◆每個階段完成後，我應該可以得到什麼獎勵？請寫在右上角。

◆我必須要做什麼改變？請寫在右下角。

◆誰會是我最重要的關鍵人？請寫在左下角。

將夢想寫下來是圓夢的第一步，請各位讀者運用圓夢地圖將夢想好好想一想並寫下來，再剪下來貼在書桌前面或是自己天天都可以看到的地方。祝福大家都能夠突破過去無法突破的難關，並祝你圓夢成功！

功夫老師的真功夫

◆老師的授課相當精采，課程中除了旁徵博引外，更因為具有豐富及紮實的實戰經驗，所分享的案例學員深受好評，欣聞老師要出書了，在此要向您誠摯推薦，劉恭甫老師的書絕不「留功夫」。精誠資訊人力資源部

沈劍虹

第
21
堂

如何突破困境，持續擁有對工作的熱情？

小張是我過去的一位同事，非常熱情，只要跟他開會或談話五分鐘，就會被他的熱情感染，跟他同部門的同事感受特別深，過去部門的氣氛比較安靜，自從小張加入團隊後，立刻變得不一樣，團隊開始有笑聲，也變得更加團結了，他的主管 Alex 也看到了這個改變，已經通知小張下個月升職成為部門主管，薪水也加了一倍。

保有對工作的熱愛

到底要如何保持工作的熱情，我從小張身上歸結出下面幾點：

以身在這家公司為傲，或是以負責的產品為傲

你要打從心理喜歡自己的工作，只有這樣，你才能夠有熱情把工作做好。如果每次提到自己的公司都唉聲嘆氣，怎麼會有熱情？如果負責某個產品的行銷或規畫，也應該要熱愛自己的產品，才會產生熱情。

Alex 表示，小張每次跟客戶或供應商提到公司，都可以感受到他非常以公司為傲，這對促進客戶購買或是供應商合作，都能更具說服力。

透過肢體語言充分表現熱情

當我們在跟他人交談時，如果在聲音、手勢及臉部表情都能投入熱情，一定能夠感染他人，一旦他人感受到你的熱情，就會促進雙方的合作。

Alex 說，小張舉手投足間都可以充分感受到他的熱情，所以跟他合作的部門同事都心情愉快，即使產生問題，都能更愉快的一起面對，這對跨部門的雙方來說都是雙贏。

定期充電重燃熱情

工作難免會有低潮期，不妨多參加培訓課程、多閱讀、多聽演講，只要看到或聽到幾句鼓舞人心的話與激勵的故事，都能讓你重新振作、恢復工作熱情，時時提醒自己奮發向上，就會有助於將負面情緒轉換成更樂觀的心態。

多與熱情人士為伍

在工作職場或是日常生活中，應該多尋找熱情樂觀的人，與他們為伍，請教他們保持熱忱的秘訣與方法，向比自己更優秀的人見賢思齊，你也會因此更加充滿熱情與活力，增加自信。

別讓倦怠感成爲阻止你前進的絆腳石

不過，難道熱情都不會熄滅嗎？事實上，最近小張找我一起吃飯，一開始談得很高興，突然話鋒一轉，小張提到他對目前的工作失去了熱情，想要離職。我問他，「為什麼呢？你不是才被提升成主管嗎？當時不是還很興奮？」

小張表示這兩年來他帶這個部門的工作績效不錯，大家也都很能配合要求，可是卻覺得一直重複在做同樣的事，沒什麼變化，所以原本覺得新鮮有挑戰性的事，做久了，新鮮感也沒了。最近有家公司想挖他過去，他正在想要不要更換跑道。這件事在你我周遭其實常常上演。當一件事情重複做，熱情會燃燒殆盡，沒多久，選擇放棄或選擇離開，成了許多人的結局。

面對每天從早到晚假日也不得閒的工作，長期下來就算是超人，一定也有感到倦怠的一天。剛換新跑道覺得非常有熱情，一年之後覺得工作很枯燥無味，每天早上都不想去上班，不想跟公司同事相處，覺得公司無法讓自己有成就感，便可能想要離職了。

工作的倦怠感其實會發生在任何人身上，我們周遭的朋友其實也不一定很討厭公司，也不一定對他的主管恨之入骨，但就是對一成不變的工作頻率感到倦怠。其實處理倦怠感的方法很簡單，就是試著改變自己目前的生活頻率。建議各位朋友嘗試在生活中加入以下六個因子，改變目前的生活頻率，讓自己過得不一樣，就能讓你走出困境。

尋找讓自己快樂的因子

越忙越幸運，只要轉個念，一切就改變！

我身邊有許多朋友白天非常累，但是晚上或假日還特別喜歡學習與演講分享，原因無他，只因為跟別人分享或者學習這件事情讓他覺得開心，認為自己不斷在進步。所以「學習」是讓他感到快樂的重要因子，那麼，你的快樂因子是什麼？你可以試著將快樂因子穿插在一天生活當中，讓自己享有一段快樂時光。

尋找讓自己有挑戰感的因子

有些人覺得無聊是因為工作或生活中沒有挑戰因子，如果你是這種人，建議你給自己一項不能輕易達成的事情，或是過去沒做的事情，例如挑戰一場英文演講拿到冠軍，或是連續一百天早起跑步，完成挑戰後，將有很大的成就感。

給自己一些放縱因子

生活如果永遠上緊發條，就像唱歌永遠在唱高音，這樣不管自己或是身邊的人都會覺得壓力太大，所以偶爾做一些沒營養的事，適時放鬆，才能保持良好的狀態。

例如周末放空自己旅行，或是放縱自己打兩天電動，看電影、電視劇，看漫畫、看卡通等看似浪費時間的事情，都能達到自我犒賞的目的。甚至也會因此讓生活更豐富精采，思路與視野也更寬廣了，很多好點子都是因此產生的。

人生如果是一桌佳餚，我們只品味工作這道菜的一種味道也太無趣，品味人生裡的千百種味道，例如旅行、電影等，才可以過得更多采多姿。

為自己找出目的因子

有時覺得工作很煩，是因為只想完成工作，沒有思考「為什麼而做」這個目的，若仔細思考之後找到新的目的，或是改變一下工作目的，就可以讓自己重新出發。

例如你正煩於為新產品進行企畫，仔細思考之後或許會發現，「如果新產品上市，公司業績提升，獎金就能提高」這個目的，就會有新動力；或是「如果新產品上市，孩子一定會驕傲跟同學說這個熱門產品是他爸爸設計的」，也可以激勵自己重新往前進。

為自己找出成就因子

如果我們常常自己創造小成就，即使跟工作無關，也能重燃工作熱情。例如幫同事設計一張複雜的表格，從對方感謝或仰慕的表情也可以找到成就感；或是幫客戶解決一個棘手的問題；或是完成一篇部落格文章、拍出一張超棒的照片等，都可以創造成就感。

找尋欣賞因子

開始學會欣賞，你會開始覺得快樂！找一件讓自己煩惱的事，試著欣賞它，你會發現心情變得愉快起來，這就是學會欣賞的力量！

回想自己的初衷因子

想想自己當初為什麼選擇這份工作？因為這份初衷往往是你的最佳動力，只是遇到很多挫折之後，這份初衷漸漸被淡忘了，所以我們需要找回這份初衷，才能再燃熱情。

生活有時候是這樣，覺得自己走不下去時，轉個彎又會看見前方的美好，再堅持一下就會看出成效。

以下提供大家一個表格，當你遇到工作倦怠時，試著從表格中的提示思考看看，再度找回往前進的動力！

最後提醒大家，也許我們的工作不夠好；也許我們正處在困境中，不論什麼原因，請在出門時，一定要讓自己昂頭挺胸，面帶微笑，從容面對每一天。只要自己撐起來了，別人才會壓不垮你；只有內心的強大，才是真正的強大。

走出倦怠感困境思考表

因子	思考點	內容
快樂因子	做什麼事會讓我感覺快樂？	
挑戰因子	有哪件事是自己曾經想做而無法輕易達成的事情？ 有哪件事是自己曾經想做但過去沒做過的事情？	
放縱因子	有哪件事是自己覺得浪費時間的事情？	
目的因子	這件事完成後可否達到什麼個人目的？	
成就因子	這件事完成後可否達到什麼成就感？	
欣賞因子	這件事是否有讓你欣賞的地方？	
初衷因子	做這件事情的初衷是什麼？	

功夫老師的真功夫

◆在與恭甫老師合作的過程中，我永遠會記得老師聆聽的專注眼神，其認真備課、傾聽需求、共同找出解決方案的準備功夫！統一證券管理部人力發展科專案襄理　蘇惠莉

◆很敬佩Jacky劍及履及，能把IDEO設計思考的方法，融入個人在竹科的工作經驗，成了創意思考的「功夫」講師。欣聞學弟新書問市，必定來自一步一腳印的精華分享，期望能嘉惠更多職場朋友。通嘉科技行政資源處副總　管麗娟

◆有緣聽到功夫老師的教學，調整了我的心態與技能，對工作相當有幫助。相信功夫老師的書，一定藏了更多的好功夫，期待功夫老師的大作！國泰世華商業銀行業務副理　王振伊

第 22 堂

如何從做簡單平凡的小事，獲得主管的注意、客戶的喜愛？

去年我到某家光電大廠公司上談判課程的機會，認識了 Sean，Sean 念完碩士後，從外商的小小業務專員開始做起。雖然是菜鳥，但憑著優秀的能力，加上苦幹實幹的精神，兩年後就升任業務經理，第三年又升上北區業務總監，當年他才二十九歲。

Sean 在課程當中的表現相當亮眼，於是我在課程結束後，主動跟 Sean 聊了幾句，他跟我提到自己快速升遷的關鍵就在於「打雜的能力！」我眼睛睜大著說，「不會吧！」於是 Sean 舉了一個例子，跟我分享他的打雜故事。

有一次，Sean 的主管突然被老闆告知，「客戶剛打電話說今天下午要來考察總公司。」於是主管立即立刻找 Sean 交辦任務。十分鐘後，Sean 把事情都安排妥當，並跟主管回報，「客戶一行人今天下午大約兩點半到，由張總經理帶隊，我會派車把他們接到公司。另外，他們還計畫明天繼續考察另一個組裝工廠，具體行程等下午他們到了以後，我會再跟他們確認。」

下午客戶考察結束並決定第二天考察完組裝工廠後，張總經理一行六人要北上回公司。於是 Sean 就請行政助理幫忙客戶訂票，並再三跟助理確認，「從總公司去組裝工廠時，你一定要幫張總經理買靠右邊窗口的車票，從組裝工廠回公司，你就要買左邊靠窗的票。」

我好奇的問 Sean，「為什麼要這樣確認？」

Sean 表示，「張總經理出門時，喜歡坐火車，不喜歡坐汽車，因為他喜歡一路欣賞風景的感覺。而且，他的家鄉在龍陽山，從總公司去組裝工廠，我們買靠右邊窗口的車票，從組裝工廠回去客戶公司，我們幫他買左邊靠窗的票，這樣不論去回，他坐在火車上都可以看到龍陽山了。」

三個月後，Sean 與客戶再次開會時提到，「上次搭火車去組裝工廠時，龍陽山在您的右邊。回公司時，龍陽山在您的左邊。我想，您在路上一定喜歡看龍陽山的景色，所以替您買了不同的票。」

張總經理聽了之後感動的說，「真是想不到，你們居然這麼重視我還有每一個細節，和你們合作一定可以讓我非常放心！」張總經理當場立即簽約，將本來已決定交給別家公司的三千五百萬元訂單改交給了 Sean 的公司。聽完 Sean 的故事，我在他身上學到寶貴的一堂「打雜課」。

把小事當大事思考，把大事當重要事處理

沒有誰生來就有能力擔當大任，每個人都是從簡單、平凡的小事做起。即使一再重複的工作，我們都應該思考如何做得更快、更好、更有效率。

同樣是訂車票這件事，如果你認為「訂車票又不是我的事……」，這件事就是微不足道的小事；如果你認為「訂車票如何訂得又快、又好……」，這件事就可能是舉足輕重的大事。

今天你為自己或這件事貼上什麼樣的標籤，或許就決定了明天你是否可能被委以重

任。所以，打雜的態度將決定你的未來。那麼，我們應該如何從看似微不足道的小事，培養自己未來有擔當大任的能力呢？建議讀者在工作中培養樂趣思維、主管思維，以及挑戰思維。

樂趣思維

運用智慧從雜事中找到樂趣

「我可不是為了打雜才進這家公司的……」，大部分重複處理同一件工作的員工，一定經常在心裡這麼抱怨。其實我也不例外，當時應徵繪圖工程師，進入公司後，大部分時間都在整理產品照片，當時還不成熟的我，在做這些雜事時總是擺著一張臭臉。

直到有一天，一位老鳥跟我說，「照片都整理得亂七八糟，繪圖還能不出錯嗎？」聽了老鳥這麼說，讓我打從心裡反省並且認真思考，於是我試著將產品照片依客戶與專案的重要程度做區分，努力地讓每天的雜務不要流於例行公事。

神奇的事發生了，當我試著這麼做之後，有一天總經理要去拜訪客戶前經過我的座位，看到我整理的產品照片手冊非常有邏輯，便立刻拿我這本手冊去客戶那邊談生意。

當天下班前回到公司，還特地走到我座位前面跟我說，「謝謝你整理的產品照片手冊，我今天到客戶那邊談生意，客戶看到這本手冊之後，對我們的產品非常有興趣，讓我今天談生意非常順利！」當下我真是欣喜若狂！這個轉變讓我深深領悟到，即使只是整理照片這種打雜的事，如果動腦去做，就會覺得自己做的這件雜事開始變得有意義了，而且還能從中得到樂趣與成就感。

在這個世界上，沒有一項工作是完全不需要改善的。例如輸入一份資料一開始花了一個小時，下次就試著想辦法提高效率、縮短五分鐘，再下次繼續思考如何再縮短五分鐘。當挑戰完「怎麼做才會更有效率？」下次可以挑戰「怎麼做才能更加一目了然？」

所以即使是再小的雜事，只要願意運用智慧，擁有強烈改變的企圖心，願意嘗試突破，一定會有發揮的餘地並做出一些成果。一直到現在，我都很感謝當初那些雜事，是它們教會我如此重要的道理：為每件事創造價值。

主管思維

以主管的思維邏輯看待工作，了解「為什麼而做」

能從主管的邏輯思維與角度思考，自然能容易理解主管。例如很多部屬會抱怨主管常常出爾反爾，指令不正確害得自己浪費時間做白工；但其實很多時候，主管心中可能在多方面嘗試，一時也沒有正確答案，隨著環境變化適時調整想法與做法，本來就是很正常的事。所以，千萬別說「我又不是主管」，如果常常這樣想，就永遠只能當一個小職員。例如主管說，「把這個檔案影印五份！」一般人都會說，「我知道了。」結果做完之後，可能還是無法達到主管的期待。如果我們可以再多問主管一句，「請問這是要做什麼用的？」

如果主管說，「這是要在董事會上報告的企畫案內容」，那麼我們可能會開始思考，董事會上大多數是上年紀的人，影印時把字體放大一些；董事會上不要用背面影印過的再生紙，應該用品質好一點的紙張……，我們之所以會衍生出這麼多的進一步思考，就是了解這件事背後的理由。

一般來說，主管交辦的事項應該是整個計畫中的一部分，背後一定有它的理由與計畫目的，所以當我們了解到每一項工作的目標與原因，也會讓交辦的工作變得對主管與對自己來說都有意義。即使被交辦去影印資料，也請想一想，這是主管要自己備份保存嗎？還是要建檔保存？還是要發給客戶？因應各種目的，影印方式也不一樣。

挑戰思維

硬仗越難打，戰功就越大

多數人都會挑軟柿子吃，也就是選簡單不容易出錯的事情做，盡快甩掉手邊的燙手山芋，相反的，被主管視為明日之星的部屬，通常會把問題看成機會，問題越棘手，機會越難得，不然，怎麼可能證明你的價值？

這世界很公平，你想要最好的結果，就一定給你最痛的挫折，你想過普通的結果，就會遇到普通的挫折。記住，硬仗越難打，立下的戰功就越大，在主管面前的「能見度」也越高。我以前覺得應該讓自己舒適一些，但是後來我明白讓自己有一些不適，事實上並不是件壞事。

我發現任何不適的事情都可以訓練，例如我常游泳，常爬山，冬天游泳最難克服的是，將厚重的衣服脫光、換成泳褲，並且入水的那一剎那，冬天爬山最難克服的是，早上還沒亮、離開溫暖被窩起床，並且到登山口的那一段時間，我們可以將一件不適的事情慢慢讓它變成一種習慣，然後你會發現自己開始離不開它，這就是由不適變得舒適的

從打雜變大事的思考表

思維	意義	思考後之答案
樂趣思維：運用智慧從雜事中找到樂趣。	如何動腦讓這件事變得有意義？而且還能從中得到樂趣與成就感？	
主管思維：以主管的思維邏輯看待工作，了解「為什麼而做。	如何以主管的思維邏輯看待工作？思考主管「為什麼而做」？	
挑戰思維：硬仗越難打，戰功就越大。	如何把問題看成機會？如何把不習慣的事情，慢慢變成一種習慣？	

過程，良好的習慣就是這樣養成。

很多人覺得日常的工作人人都能做，沒什麼了不起，然而就是這些看似簡單的打雜工作，你是選擇漫不經心的處理或是勤奮用心處理的態度，將成為今後長遠發展的分水嶺。希望你能藉由下面「從打雜變大事的思考表」中的三種思維，讓工作中的打雜工作也能發揮大大價值。

功夫老師的真功夫

◆ Jacky 以其全面的管理實踐和豐富的經驗閱歷總結了成功職業經理的三大類能力，為在職場征途上追求更大成就的廣大讀者提供了更加精確的座標。中國奇瑞捷豹路虎汽車有限公司人力資源與行政部高級經理　劉登益

第23堂

如何讓自己具備主管默默觀察的四種特質？

你的主管如果有機會往上升遷時，必須要選擇一位自己的接班人，而選擇接班人時，除了必須考慮正面的能力，有些具有關鍵性的負面行為，會是主管默默地觀察並對最後的人選決定有重大的影響。

犯錯後，是否有勇於負責的態度和行爲

有一天跟朋友喝咖啡時，聽他分享一個故事：

年初，有一位剛從學校畢業進入設計部的同事畫了一張設計圖，並要求採購部門根

據此圖買一批原料，後來發現這個原料是錯誤的，於是找這位同事到總經理室說明來龍去脈，但這位同事在總經理面前並不承認錯誤，且把過錯完全怪到供應商身上，說是供應商把圖看錯而發生錯誤。

經過一周追查，確認是圖畫錯了，那位同事才承認是自己的錯，當場大家便對他失去信心，認為他沒有責任感。於是，年底有一次加薪會議上討論誰要加薪，當大家討論到他的時候，對年初這件事還印象深刻，因此唯獨他沒有加薪。

很多職場新鮮人常犯的錯誤是，當自己做錯時，第一個動作就是趕快為自己的行為辯解，例如「我當時以為……」、「因為某人跟我說……」、「主管你沒說清楚……」等。

身在職場，誰能不犯錯？重點是犯錯時怎麼辦？其實犯了錯的重點應該是解決問題，所以應該遵守三步驟：第一趕快道歉，第二解決問題，第三再來解釋。

例如面對客戶時，如果原先答應客戶要交付的工作無法及時交付，很多人會跟客戶說，「因為某人的工作沒有完成，所以……」其實此時不滿的客戶根本不關心是誰害的，所以即使拚命的撇清責任，就算真的不是自己的問題，也不表示客戶就會消氣，反而更覺得不滿，只會在客戶面前留下不好的印象。

這時應當先讓客戶覺得你勇於承認錯誤，同時立即思考如何把問題解決，等事情過去事情解決再解釋來龍去脈，比較能讓大家接受並思考如何下次更好。

是否有堅持到底的毅力和態度

《地才》是台灣歌手蔡依林發行的第三張演唱會專輯，是一部記錄演唱會的籌備、練習和表演的紀錄片。

裡面有一段話讓我印象深刻，「有一些天才，因為驕傲自滿半途就會暗淡無光，有一些『地才』，會不惜把力氣花光下苦功，讓自己變得與眾不同。只要堅持，天才和地才也可以沒差別！我是個『地才』，先天條件不是很好，所以只能加倍努力。」

再雄偉的大事，也是來自於一點一滴的平凡小事所累積，也就是一步一腳印累積的結果。專心致力於一件事，不氣餒也不心急地堅持下去，終有一天開花結果，讓其他人忍不住發出讚美，「太厲害了！」

我遇過許多非常聰明的同事，眼光獨到、工作高效，但是一旦公司表現不佳，或是不如預期，他會馬上表現出絕望、棄團隊甚至公司於不顧的態度，馬上就拍拍屁股離開。

另外，我們可以看到周遭有些同事剛好相反，看起來不聰明也不出眾，但是特別認真，總會憑著一股傻勁堅持、做好自己的工作，後來我注意到，這些許多看似平凡的人，到後來都成為不凡的人，所以堅持所產生的能量非常巨大，足以讓天才和地才也可以沒差別。

人脈的觀察

有一天，你接到了主管的指令，希望你在三天內要收集各部門的系統需求，整合成一份計畫書，提交給總經理進行報告，於是你就設計了一份表格，發了一封信給各部門的窗口，希望大家三天內能回填表格。結果三天到了，只有不到一半的部門回信，這時主管知道了大發雷霆，認為你沒有盡力，而你卻認為自己很盡責的執行，不能怪你，應該怪其他人太忙了。

在職場完成專案需要團隊合作，許多人有很不錯的想法，或是有事需要其他部門幫忙，卻常常抱怨其他部門不願意提供資源或是沒有人幫忙完成。

除了個人能力之外，完成一件事還需要看其他人願不願意幫忙。人與人之間的相處貴在一份真心的付出，要想在職場或事業上有所成就，廣結善緣、主動幫忙非常重要。

在這個團隊合作又競爭的時代裡，如果你願意讓自己更謙卑，更主動提供自身價值給他人，而不是擺出一副高傲不可親近的樣子，反而可以獲得更多人脈以創造更好的機會。

我認為人脈經營有兩個小技巧：

願不願意主動幫助他人

例如，上次人家請你幫忙填表格時，你有沒有主動快速幫人家完成，而不是讓人家三催四請，還心不甘、情不願地完成。如果你是後者，你能期待下次人家會快速幫你嗎？

能不能為他人創造價值

例如，上次人家請你幫忙填表格的時候，你有沒有填完表格後，還教人家如何彙整統計表格的秘訣，節省人家摸索的時間？如果你有這樣做，我相信別人會心存感激。這就是所謂的「人脈存摺」，這樣的人脈存摺不用靠花錢請下午茶，畢竟每個人在職場工作都希望能解決問題，誰能快速幫忙解決問題，對方就會心存感激。

不過有時大家可能會想，「我如果對你好，你就應該要對我好，不然我下次就不會再對你好了。」我希望你不要放棄，畢竟每個人幫助別人的方法不一定一樣，只要心存善念、懂得感恩即可。想想看，你的「人脈存摺」是在「存」人脈，還是在「花」人脈呢？

是否具有誠信負責的態度

誠信分兩種，誠實與信任。許多主管最在意新人的工作態度，就是誠實。

許多人為了不願承認自己能力的不足，或是想快速證明自己的能力，常常會不懂裝懂，沒做過的專案還硬說做過，明明之前只負責專案中做一份文件，卻硬是放大成負責整個專案。這樣做的結果往往都很慘，等到謊言揭穿，不但信用沒了，整個專案延誤也讓主管背下黑鍋。

所以，我們需要誠實面對自己的不足，才能不斷學習與成長，讓主管親眼看到你從不會成長到會，才是證明自己最好的方法。而許多主管對資深同仁往往最在意的，就是信任。

許多人為了一時貪心，犧牲部門或公司的利益，以為不被發現就沒事，等到東窗事發，往往花許多時間所建立的信任，立即被摧毀。千萬不要騙人，因為你騙到的，都是自己人，都是相信你的人。

主管選擇升遷名單時，除了能力之外，以上四大具有關鍵性的負面行為常常是主管默默觀察的重點，希望各位朋友藉由「主管默默觀察的四大行為表」定時檢視自己，不要讓主管在臨門一腳將你移出升遷名單。

主管默默觀察的四大行為表

主管觀察項目	自我觀察項目	我可以怎麼做？
犯錯的觀察	我犯錯時的第一個動作是趕快為自己的行為做解釋嗎？ 我犯錯時會拚命的撇清責任嗎？	
堅持的觀察	我常常遇到困難就容易放棄嗎？	
人脈的觀察	我願不願意主動幫助他人？ 我能不能為他人創造價值？	
誠信的觀察	我會不懂裝懂，沒做過的專案還硬說做過嗎？ 我會為了一時的貪心，犧牲部門或公司的利益嗎？	

功夫老師的真功夫

◆這是一本適合資深工作者做為反思；年輕工作者做為借鏡的「職場武林秘笈」。前瑞儀光電集團人資處負責人，現任 KPMG 安侯企業管理（股）公司企業績效服務部經理 楊煥卿

◆功夫老師總能用不同的角度切入事端，高效率的問題聚焦，以及因應策略的理則思考，不論大小難題迎刃而解。痞客邦 PIXNET 技術總監 呂承諭博士

第24堂 如何不斷學習，為強化自己的未來做準備？

年底同學聚會，大家一年才見一次，氣氛非常歡樂，我卻觀察到老張獨自一人坐在角落，我便走向他，問了下情況，老張跟我說，「上個月，我突然被公司通知資遣，現在很慌張不知道怎麼辦？」

老張與我常通電話交流或相約吃飯，是一位非常守本分的人，每件事都很努力完成，但是每次跟他提到下一步的計畫，他都說沒時間想，每次跟他提到要多學習，他都說沒時間，或許老張的遭遇在你我周遭也在不斷上演。我在課堂常分享一個故事說明學習的重要：

從前有座山上，有兩個工人在砍柴，一個是身體壯碩的年輕人，一個是老人，按理說，年輕人砍柴的數量應該比老人多，奇怪的是，老人每天不但砍柴時間短而且數量比較多，這位年輕人決定鼓起勇氣問老年人，到底他是如何做到的？

老年人問年輕人，「你每天下山回到家後，都在做什麼？」

「白天砍柴這麼累，晚上當然是早點睡覺啦！」年輕人回答

老年人說，「年輕人，這就是我們最大的差別，因為我每天回家後第一件事就是磨斧頭，第二天我的斧頭一定比你利，所以同樣一棵樹我只要砍五刀，你卻要砍十刀。」

年輕人聽完後終於恍然大悟。

我相信白天大家都非常努力工作，可是到了晚上，你會選擇當故事中的年輕人還是老人呢？如果要讓白天上班時可以事半功倍，就需要在其他時間不斷學習，不斷充實自己，才能不被市場淘汰。

我的第一份工作是在工廠內將工程設計圖印出來，以最快的速度送到流程中必須經過的六個部門審閱圖紙是否無誤後，再請負責人簽名，最後再一張張放到圖紙櫃中。當

時考驗的是傳遞速度、維持圖紙平整並正確放好，可是，這個工作現在已經消失，完全被網路與工程繪圖軟體所取代。很多時候不是我們不努力，而是時代不斷進步取代了許多事情，工作也是這樣。

從組織面來看，公司如何面對未來的挑戰？例如公司賺一百萬，主管可能會把其中的二十萬投資在研發部門進行研發新產品或新技術，這些投資今年不一定就看得到成效，但是對於公司未來兩、三年的成長卻非常重要。所以公司要為未來做準備需要靠研發部門，而我們每個人為未來準備要靠什麼？

如果你賺一百元，你願意拿多少金額出來為未來準備？一天二十四小時，你願意拿多少時間為未來準備？你能為此少睡一個小時嗎？

從商管書中學習職場技巧

人生一定需要不斷為未來準備，而不斷學習、不斷充實、為未來準備最好的方法，就是看書與聽演講，我常鼓勵大家看商業管理相關的書籍，可以有效增加工作能力，還能有效解決職場上遇到的問題，可是應該怎麼讀商管書，才能對工作產生幫助呢？

下面以兩位講師朋友所出版的兩本暢銷書為例說明，一本是謝文憲、憲哥的《說出影響力》，另一本是王永福、福哥的《上台的技術》。

讀通寫作動機與寫作邏輯

◆寫作動機

指作者想解決什麼問題？快速閱讀全書的外部，如封面、封底，內部如序言、導讀等，通常就可知道此書之寫作動機。

《說出影響力》的寫作動機是要解決職場小咖的影響力問題，如果沒有高薪、高職位，如何運用說話產生分量與影響力。

《上台的技術》的寫作動機是要解決上台（演講簡報上課）的問題，面對老闆和主管、廠商客戶、投資人或一般大眾，如何運用簡報具備說服力、發揮影響力。

◆寫作重點與邏輯

指全書的起承轉合，也就是全書的邏輯。你可以仔細研究目錄，這是全書綱要，也是寫作邏輯。接著再快速瀏覽全書，了解書中各章節的重點，再選擇進行精讀。《說出影響力》分成文字說故事與口語表達的技巧，再以兩大簡報架構：敘述性簡報與說服性簡報來綜合舉例。

《上台的技術》則是分成上台前的準備、上台中的技巧，以及上台後的修鍊。

連結現實與自我提問

遇到困難就去找一本書。職場中的困難點，往往在書中可以找到突破困境的良方甚至解藥，長期下來，只要職場中遇到困難或是接到艱鉅有挑戰性的工作就去找書，養成買書閱讀的習慣。

給自己一個真實任務，並運用書中方法與技巧嘗試解決，實作一次。例如我在「第三屆滴水穿石資深講師聯誼會」的十三分鐘演講，便是運用《上台的技術》書中的簡報技巧，輔以書中頁次與內容進行練習，在該場中獲得絕佳的讚賞，這便是實際運用。所以，讀商管書不只要讀，還要用，才能變成自己的功夫！

「讀一本書練習表」範例

項目	內容	內容
書名	《說出影響力》	《上台的技術》
寫作動機	我們如果沒有高薪、高職位，如何運用說話產生分量與影響力。	面對上司主管、廠商客戶、投資人或一般大眾，如何運用簡報具備說服力、發揮影響力。
寫作邏輯	影響力法則： 如何運用文字說故事產生影響力；如何運用口語表達產生影響力；敘述性簡報與說服性簡報。	上台的重要觀念；上台前準備；投影片準備；上台時開場過程結尾。
連結現實	第三屆滴水穿石資深講師聯誼會 日期：2015-02-26 主題：專案管理大陸培訓實戰分享 時間（目標）：12 分 59 秒以內	
如何運用 ( ) 為兩本書之各自頁碼	善用工具（數據）畫龍點睛（P160) 開場白：引證事實（P130) 擁有故事百寶袋：自身經驗（P74) 用專業達到影響力（P35) 三點全露的故事經營：切點（P80) 三點全露的故事經營：爆點（P80) 三點全露的故事經營：放點（P80) 簡報基本架構（P116) 簡報的魔術數字 1/3/6/20（P154) 和群眾產生連結（P112)	事前充分演練（P247) 準備計時器（P248) 自我介紹（P166) 資料引用法（P188) 故事法（P138) 3P：目的過程好處（P195) 流程投影片（P122) 不用雷射筆一頁一重點（P268) 全圖像投影片（P92) 先舉例再講道理（P198) 重點再回顧（P238) 強化觀眾記憶（P201) 精準控制時間（P246) 下台後忠實記錄檢討與改進（P292)

如果你真的很喜歡彈奏樂器，那你就花時間找同好組個團；如果你真的很喜歡策略或管理，那你就開始花時間去上課研習讀書會；如果你真的喜歡演講或當講師，你就站上台去講！每次有上台機會你就爭取上去講，每天花百分之十到二十的時間練習，第一次講不好，就想辦法第二次修正。

成為專職講師前，雖然周一至周五上班很忙、很累，我還是盡量利用周六或周日到各地演講上台，免費也沒關係。四年後，其實我已經累積了相當的基礎，所以當我辭去原本的工作時，障礙沒有那麼大，對家人也很好交代，這就是我為自己的未來做準備，花了四年工夫做出的成果。我要送給大家一個建議，那就是很多人都想要尋找有發展的環境，其實最重要的是做出有發展的自己！

功夫老師的真功夫

◆ 看到這本書大綱，就是企業要的人。不只是難加薪，這是在面對競爭的企業中，生存的基本條件。康瑞行銷顧問有限公司 執行副總 熊賢雅

新商業周刊叢書577

不懂這些，別想加薪

作　　者／劉恭甫
責任編輯／張曉蕊
校　　對／吳淑芳
版　　權／黃淑敏、翁靜如
行銷業務／何學文、莊英傑、林秀津
總 編 輯／陳美靜
總 經 理／彭之琬
事業群總經理／黃淑貞
發 行 人／何飛鵬
法律顧問／台英國際商務法律事務所
出　　版／商周出版
臺北市中山區民生東路二段141號9樓
電話：(02)2500-7008　傳真：(02)2500-7759
E-mail：bwp.service@cite.com.tw
發　　行／英屬蓋曼群島商家庭傳媒股份有限公司　城邦分公司
台北市104民生東路二段141號2樓
電話：(02)2500-0888　傳真：(02)2500-1938
讀者服務專線：0800-020-299
24小時傳真服務：(02)2517-0999
讀者服務信箱：service@readingclub.com.tw
劃撥帳號：19833503
戶名：英屬蓋曼群島商家庭傳媒股份有限公司城邦分公司
香港發行所／城邦(香港)出版集團有限公司
香港灣仔駱克道193號東超商業中心1樓
電話：(825)2508-6231　傳真：(852)2578-9337
E-mail：hkcite@biznetvigator.com
馬新發行所／城邦(馬新)出版集團【Cité (M) Sdn.Bhd. (458372 U)】
41, Jalan Radin Anum, Bandar Baru Sri Petaling,
57000 Kuala Lumpur, Malaysia.
電話：(603) 90578822　傳真：(603) 90576622
Email：cite@cite.com.my
印　　刷／韋懋實業有限公司
經 銷 商／聯合發行股份有限公司
電話：(02)2917-8022　傳真：(02) 2911-0053
地址：新北市231新店區寶橋路235巷6弄6號2樓

ISBN 978-986-272-834-5　
2015年7月9日初版
2020年5月14日初版6.3刷

定價／300元

國家圖書館出版品預行編目（CIP）資料

不懂這些，別想加薪 / 劉恭甫著. -- 初版. --
臺北市：商周出版：家庭傳媒城邦分公司發行,
民104.07
面；　公分
ISBN 978-986-272-834-5（平裝）

1. 職場成功法
494.35　　104010809